飞行训练系列教材

2022 版
航线运输驾驶员（飞机）
整体课程

主编 关立欣

西南交通大学出版社
·成都·

图书在版编目（CIP）数据

2022版航线运输驾驶员（飞机）整体课程 / 关立欣主编. -- 成都：西南交通大学出版社，2025.5.
ISBN 978-7-5643-9951-1
Ⅰ. V323
中国国家版本馆CIP数据核字第2024WK2596号

2022 Ban Hangxian Yunshu Jiashiyuan（Feiji）Zhengti Kecheng
2022版航线运输驾驶员（飞机）整体课程

主　编 / 关立欣	策划编辑 / 罗小红　罗爱林　何明飞
	责任编辑 / 何明飞
	责任校对 / 左凌涛
	封面设计 / 徐楸爽

西南交通大学出版社出版发行
（四川省成都市金牛区二环路北一段111号西南交通大学创新大厦21楼　610031）
营销部电话：028-87600564　　028-87600533
网址：https://www.xnjdcbs.com
印刷：四川玖艺呈现印刷有限公司

成品尺寸　210 mm×285 mm
印张　15.5　　字数　472千
版次　2025年5月第1版　　印次　2025年5月第1次

书号　ISBN 978-7-5643-9951-1
定价　88.00元

图书如有印装质量问题　本社负责退换
版权所有　盗版必究　举报电话：028-87600562

《2022版航线运输驾驶员（飞机）整体课程》
编委会

主　编　　关立欣

副主编　　欧阳霆　刘传健　黄文彦　葛志斌　孙国辉　何永威　马建新

编　委　　王永根　雷　霆　余绍焱　郝　亮　戴文相　秦险峰

编　者　　徐楸爽　黄　冠　霍江帅　宋午阳　李文栋　袁　炳

　　　　　　黄　康　胡慧昀

校　对　　邓　飞　赵凯欣　余良熙

此页有意留白

有 效 页 清 单

页码	版次	修订时间
1	2022	2022/06
2	2022	2022/06
3	2022	2022/06
4	2022	2022/06
5	2022	2022/06
6	2022	2022/06
7	2022	2022/06
8	2022	2022/06
9	2022	2022/06
10	2022	2022/06
11	2022	2022/06
12	2022	2022/06
13	2022	2022/06
14	2022	2022/06
15	2022	2022/06
16	2022	2022/06
17	2022	2022/06
18	2022	2022/06
19	2022	2022/06
20	2022	2022/06
21	2022	2022/06
22	2022	2022/06
23	2022	2022/06
24	2022	2022/06
25	2022	2022/06
26	2022	2022/06
27	2022	2022/06
28	2022	2022/06
29	2022	2022/06
30	2022	2022/06
31	2022	2022/06
32	2022	2022/06
33	2022	2022/06
34	2022	2022/06
35	2022	2022/06
36	2022	2022/06
37	2022	2022/06
38	2022	2022/06
39	2022	2022/06
40	2022	2022/06
41	2022	2022/06
42	2022	2022/06
43	2022	2022/06
44	2022	2022/06
45	2022	2022/06
46	2022	2022/06
47	2022	2022/06
48	2022	2022/06
49	2022	2022/06
50	2022	2022/06
51	2022	2022/06
52	2022	2022/06
53	2022	2022/06
54	2022	2022/06
55	2022	2022/06
56	2022	2022/06
57	2022	2022/06
58	2022	2022/06
59	2022	2022/06
60	2022	2022/06
61	2022	2022/06
62	2022	2022/06
63	2022	2022/06
64	2022	2022/06
65	2022	2022/06
66	2022	2022/06
67	2022	2022/06
68	2022	2022/06
69	2022	2022/06
70	2022	2022/06
71	2022	2022/06
72	2022	2022/06
73	2022	2022/06
74	2022	2022/06
75	2022	2022/06
76	2022	2022/06
77	2022	2022/06
78	2022	2022/06
79	2022	2022/06
80	2022	2022/06
81	2022	2022/06
82	2022	2022/06
83	2022	2022/06
84	2022	2022/06
85	2022	2022/06
86	2022	2022/06
87	2022	2022/06
88	2022	2022/06
89	2022	2022/06
90	2022	2022/06
91	2022	2022/06
92	2022	2022/06
93	2022	2022/06
94	2022	2022/06
95	2022	2022/06
96	2022	2022/06
97	2022	2022/06
98	2022	2022/06
99	2022	2022/06
100	2022	2022/06
101	2022	2022/06
102	2022	2022/06
103	2022	2022/06
104	2022	2022/06
105	2022	2022/06
106	2022	2022/06
107	2022	2022/06
108	2022	2022/06
109	2022	2022/06
110	2022	2022/06
111	2022	2022/06
112	2022	2022/06
113	2022	2022/06
114	2022	2022/06
115	2022	2022/06
116	2022	2022/06
117	2022	2022/06
118	2022	2022/06
119	2022	2022/06
120	2022	2022/06
121	2022	2022/06
122	2022	2022/06
123	2022	2022/06
124	2022	2022/06
125	2022	2022/06
126	2022	2022/06
127	2022	2022/06
128	2022	2022/06
129	2022	2022/06
130	2022	2022/06
131	2022	2022/06
132	2022	2022/06
133	2022	2022/06
134	2022	2022/06
135	2022	2022/06
136	2022	2022/06
137	2022	2022/06
138	2022	2022/06
139	2022	2022/06
140	2022	2022/06
141	2022	2022/06
142	2022	2022/06
143	2022	2022/06
144	2022	2022/06
145	2022	2022/06
146	2022	2022/06
147	2022	2022/06
148	2022	2022/06
149	2022	2022/06
150	2022	2022/06
151	2022	2022/06
152	2022	2022/06
153	2022	2022/06
154	2022	2022/06
155	2022	2022/06
156	2022	2022/06

页码	版次	修订时间	页码	版次	修订时间	页码	版次	修订时间
157	2022	2022/06	191	2022	2022/06	225	2022	2022/06
158	2022	2022/06	192	2022	2022/06	226	2022	2022/06
159	2022	2022/06	193	2022	2022/06	227	2022	2022/06
160	2022	2022/06	194	2022	2022/06	228	2022	2022/06
161	2022	2022/06	195	2022	2022/06	229	2022	2022/06
162	2022	2022/06	196	2022	2022/06	230	2022	2022/06
163	2022	2022/06	197	2022	2022/06	231	2022	2022/06
164	2022	2022/06	198	2022	2022/06	232	2022	2022/06
165	2022	2022/06	199	2022	2022/06	233	2022	2022/06
166	2022	2022/06	200	2022	2022/06	234	2022	2022/06
167	2022	2022/06	201	2022	2022/06	235	2022	2022/06
168	2022	2022/06	202	2022	2022/06	236	2022	2022/06
169	2022	2022/06	203	2022	2022/06			
170	2022	2022/06	204	2022	2022/06			
171	2022	2022/06	205	2022	2022/06			
172	2022	2022/06	206	2022	2022/06			
173	2022	2022/06	207	2022	2022/06			
174	2022	2022/06	208	2022	2022/06			
175	2022	2022/06	209	2022	2022/06			
176	2022	2022/06	210	2022	2022/06			
177	2022	2022/06	211	2022	2022/06			
178	2022	2022/06	212	2022	2022/06			
179	2022	2022/06	213	2022	2022/06			
180	2022	2022/06	214	2022	2022/06			
181	2022	2022/06	215	2022	2022/06			
182	2022	2022/06	216	2022	2022/06			
183	2022	2022/06	217	2022	2022/06			
184	2022	2022/06	218	2022	2022/06			
185	2022	2022/06	219	2022	2022/06			
186	2022	2022/06	220	2022	2022/06			
187	2022	2022/06	221	2022	2022/06			
188	2022	2022/06	222	2022	2022/06			
189	2022	2022/06	223	2022	2022/06			
190	2022	2022/06	224	2022	2022/06			

目 录

第 1 章 训练课程使用说明 | 1
   1.1 引言 | 3
   1.2 训练系列教材 | 3
   1.3 课程整体结构 | 3
   1.4 地面课 | 4
   1.5 飞行课 | 4
   1.6 综合课 | 5
   1.7 课程执行时间 | 5
   1.8 训练器课 | 5
   1.9 训练科目评分标准 | 5
   1.10 训练记录 | 6
   1.11 阶段检查 | 6
   1.12 补充训练 | 7
   1.13 训练课程的更新 | 7
   1.14 教员资质要求 | 7
   1.15 训练时间安排 | 7
   1.16 课程设计标准申明 | 10

第 2 章 单发陆地飞机私用驾驶员执照训练 | 11
   2.1 概述 | 13
   2.2 注册条件 | 13
   2.3 教学机组配置 | 13
   2.4 课程时间安排表 | 13
   2.5 课程设计标准申明 | 14
   2.6 地面教学提纲 | 17
   本场筛选阶段 | 18
      GL1：航空概论（2:00） | 19
      GL2：飞机系统（2:00） | 20
      GL3：空气动力学原理（2:00） | 21
      GL4：飞行环境（2:00） | 22
      GL5：通信和飞行信息（2:00） | 23
      GL6：综合复习（1:30） | 24
      GL7：航空气象（2:00） | 25
      GL8：航空法规（2:00） | 26
      GL9：气象数据分析（2:00） | 27
      GL10：阶段考试（3:30） | 28
   本场及转场单飞阶段 | 29
      GL11：飞机性能（2:00） | 31
      GL12：导航（2:00） | 32
      GL13：人为因素（2:00） | 33
      GL14：综合复习（1:30） | 34
      GL15：转场飞行（2:00） | 35
      GL16：航空图表（2:00） | 36
      GL17：地标领航和推测领航（2:00） | 37
      GL18：课程结束或私照理论考试（3:00） | 38
   2.7 飞行训练提纲 | 39
   本场筛选阶段 | 40
      FTD1：座舱实习、程序练习（1:00） | 41
      FL1：地面程序、体验飞行（1:00） | 42
      FL2：熟悉空域进出、基本动作（1:00） | 43
      FL3：空域机动动作（1:00） | 44
      FTD2：程序练习（1:00） | 45
      FL4：空域机动动作、基本仪表动作（1:00） | 46
      FL5：起落航线（1:00） | 47
      FL6：起落航线（1:00） | 48
      FL7：起落航线（1:00） | 49
      FL8：起落航线（1:00） | 50
      FL9：起落航线（1:00） | 51
      FL10：起落航线（1:00） | 52

FL11：起落航线、空域动作复习（1:30） | 53
FL12：筛选（1:30） | 54
本场及转场单飞阶段 | 55
FL13：本场带飞（1:00） | 57
FL14：本场带飞（1:00） | 58
FL15：本场带飞（1:00） | 59
FL16：本场带飞（1:00） | 60
FL17：本场带飞（1:00） | 61
FTD3：应急操作（2:00） | 62
FL18：应急操作（1:30） | 63
FL19：本场带飞（1:30） | 64
FL20：单飞前检查、首次单飞（1:00） | 65
FTD4：空域机动科目（2:00） | 66
FL21：本场带飞（1:30） | 67
FL22：本场带飞（1:30） | 68
FL23：本场带飞（1:30） | 69
FL24：夜间本场带飞（1:30） | 70
FL25：起落单飞（2:00） | 71
FL26：空域起落单飞（2:30） | 72
FTD5：转场带飞（2:00） | 73
FL27：转场带飞（2:00） | 74
FL28：转场带飞（2:00） | 75
FL29：夜间转场带飞（1:30） | 76
FL30：转场带飞检查及应急操作（2:30） | 77
FL31：转场单飞（2:00） | 78
FL32：转场单飞（3:00） | 79
FL33：综合课（8:30） | 80
FL34：阶段检查（1:30） | 81
FL35：综合课（3:00） | 82
FL36：实践考试（1:30） | 83

第 3 章 仪表等级训练 | 85

3.1 概述 | 87
3.2 注册条件 | 87
3.3 教学机组配置 | 87
3.4 课程时间安排表 | 87
3.5 课程设计标准申明 | 88
3.6 地面教学提纲 | 89
仪表等级阶段 | 90
GL19：训练课程介绍/人为因素（1:00） | 91
GL20：飞行仪表系统（1:30） | 92
GL21：基本仪表飞行（1:30） | 93
GL22：仪表领航（1:30） | 94
GL23：仪表飞行规则（1:00） | 95
GL24：机场、空域和飞行信息（1:30） | 96
GL25：ATC 系统（1:00） | 97
GL26：ATC 许可（1:00） | 98
GL27：离场图和离场程序（1:30） | 99
GL28：航路图和程序（1:30） | 100
GL29：等待程序（1:00） | 101
GL30：进场图和程序（1:00） | 102
GL31：进近图（1:30） | 103
GL32：进近程序（1:00） | 104
GL33：VOR 和 NDB 进近（1:00） | 105
GL34：ILS 进近（1:00） | 106
GL35：RNAV 进近（1:00） | 107
GL36：综合复习（1:30） | 108
GL37：天气因素和危害（1:00） | 109
GL38：天气报告和预报（2:00） | 110
GL39：天气图（1:00） | 111
GL40：天气信息源（1:00） | 112

GL41：IFR 应急程序（2:00） | 113
GL42：IFR 飞行决策/飞行计划（2:00） | 114
GL43：阶段考试（1:30） | 115
GL44：仪表等级课程结束或执照理论考试（2:30） | 116

3.7 飞行训练提纲 | 117
    仪表等级飞行阶段 | 118
    FTD6：全仪表飞行（1:00） | 119
    FL37：全仪表飞行（1:30） | 120
    FTD7：部分仪表飞行（1:00） | 121
    FL38：全仪表及部分仪表飞行（1:30） | 122
    FTD8：传统导航设备导航（1:00） | 123
    FL39：传统导航设备导航（1:30） | 124
    FTD9：标准仪表进离场程序（1:00） | 125
    FL40：标准仪表进离场程序（1:30） | 126
    FTD10：等待程序（1:00） | 127
    FL41：等待程序（1:00） | 128
    FTD11：精密进近（1:00） | 129
    FL42：精密进近（1:30） | 130
    FTD12：非精密进近（1:30） | 131
    FL43：非精密进近（1:30） | 132
    FTD13：部分仪表进近（1:30） | 133
    FL44：部分仪表进近（2:00） | 134
    FTD14：GPS 导航及 RNP 飞行程序（2:00） | 135
    FL45：转场飞行（2:00） | 136
    FL46：长转场飞行（4:00） | 137
    FTD15：综合课（3:00） | 138
    FL47：阶段检查（2:00） | 139
    FL48：综合课（4:00） | 140
    FL49：实践考试（2:00） | 141

第 4 章 多发陆地飞机商用驾驶员执照训练 | 143

4.1 概述 | 145
4.2 注册条件 | 145
4.3 教学机组配置 | 145
4.4 课程时间安排表 | 145
4.5 课程设计标准申明 | 146
4.6 学生机长训练的说明 | 147
4.7 地面教学提纲 | 149
    单发飞机飞行阶段 | 150
    GL45：航空生理学（2:00） | 151
    GL46：飞行决策（2:00） | 152
    GL47：商用航空法规（2:00） | 153
    GL48：高性能动力装置（2:00） | 154
    GL49：环境和防冰控制系统（2:00） | 155
    GL50：可收放起落架（2:00） | 156
    GL51：高级空气动力学（2:00） | 157
    GL52：飞行性能（2:00） | 158
    GL53：重量和平衡（2:00） | 159
    GL54：最大性能起飞和着陆（2:00） | 160
    GL55：大坡度盘旋、急上升转弯与特技飞行（2:00） | 161
    GL56：懒 8 字、急盘旋下降和精确着陆（2:00） | 162
    GL57：应急程序（2:00） | 163
    GL58：飞行决策（2:00） | 164
    GL59：阶段考试（1:30） | 165
    GL60：商用驾驶员课程结束或执照理论考试（2:30） | 166
4.8 飞行训练提纲 | 167
    单发飞机阶段 | 168
    FL50：本场带飞（1:30） | 169
    FL51：本场带飞（1:30） | 170
    FTD16：商用机动飞行（1:00） | 171

FL52：商用机动飞行（1:30） | 172
FL53：商用机动飞行（2:00） | 173
FL54：螺旋（1:30） | 174
FL55：应急操作（1:30） | 175
FL56：应急操作（1:30） | 176
FL57：仪表飞行（2:00） | 177
FL58：仪表飞行（2:00） | 178
FL59：本场带飞（2:00） | 179
FL60：学生机长训练（2:00） | 180
FL61：学生机长训练（2:00） | 181
FL62：学生机长训练（2:00） | 182
FL63：学生机长训练（2:00） | 183
FL64：学生机长训练（2:00） | 184
FL65：学生机长训练（2:00） | 185
FL66：学生机长训练（3:00） | 186
FL67：学生机长训练（3:00） | 187
FL68：学生机长训练（3:00） | 188
FL69：学生机长训练（3:00） | 189
FL70：学生机长训练（4:00） | 190
FL71：学生机长训练（转场飞行）（3:00） | 191
FL72：学生机长训练（转场飞行）（3:00） | 192
FL73：学生机长训练（转场飞行）（4:00） | 193
FL74：学生机长训练（4:00） | 194
FL75：学生机长训练（3:00） | 195
FL76：学生机长训练（4:00） | 196
FTD17：模拟场景训练（4:00） | 197
FL77：综合课（9:00） | 199
FL78：阶段检查（2:00） | 200
FL79：综合课（4:00） | 201

4.9 地面教学提纲 | 203
   多发复杂飞机飞行阶段 | 204
   GL61：多发等级、人为因素和正常操作（2:00） | 205
   GL62：飞机系统、重量平衡和性能（1:30） | 206
   GL63：多发空气动力学及机动飞行（1:30） | 208
   GL64：多发仪表飞行（1:30） | 209
   GL65：综合复习（1:30） | 210
   GL66：发动机失效空气动力学（1:30） | 211
   GL67：一发失效仪表飞行/应急操作（1:30） | 212
   GL68：阶段考试（1:30） | 213
   GL69：结束课程考试（2:00） | 214

4.10 飞行训练提纲 | 215
   多发复杂飞机飞行阶段 | 216
   FTD18：介绍多发复杂飞机（1:00） | 217
   FTD19：本场空域（1:00） | 218
   FL80：本场空域（2:00） | 219
   FTD20：仪表进近（1:00） | 220
   FL81：仪表进近（2:00） | 221
   FTD21：多发应急操作（2:30） | 222
   FL82：多发应急操作（2:00） | 223
   FL83：昼间目视转场（2:00） | 224
   FL84：转场飞行（3:00） | 225
   FL85：长转场飞行（4:00） | 226
   FTD22：夜间本场（1:00） | 227
   FL86：夜间目视起落（2:00） | 228
   FTD23：夜间应急操作（1:30） | 229
   FL87：夜间目视转场（3:00） | 230
   FL88：夜间转场（2:00） | 231
   FL89：综合课（2:00） | 232
   FL90：阶段检查（2:00） | 233
   FL91：实践考试（2:00） | 234

第 1 章

训练课程使用说明

此页有意留白

1.1 引言

本训练课程根据CCAR-141部《航线运输驾驶员（飞机）整体课程》的相关要求编写而成。

按照课程的实施方法，本课程的训练课分为地面课、训练器课和飞行课三种。为保证课程的使用效果和教学质量，在实际的训练过程中应注意严格按照课程的内容和顺序执行。

一般情况下，学生应在完成地面课后立即进入相应的飞行训练。条件不具备时，也可以在完成所有的地面课后再进行飞行训练，但在进行每一课的飞行训练前应对相应的地面课程内容进行复习。地面课程的内容在主任飞行教员的许可下可以进行调整。必要时，也可以增加课时，但不应打断课程的连续性。

在执行训练器课和飞行课时，飞行教员有责任按照课程的顺序和内容进行教学，确保课程的所有项目和内容在训练过程中得到实施。必要时，主任飞行教员可根据学生的学习进展及其他因素，在同一阶段内调整执行顺序或改变课程内容。如果在实施过程中出现了偏离或未能实施某些项目和内容的情况，必须进行确认并在学生训练记录上注明，且在之后进行补充训练。

1.2 飞行训练系列教材

本训练课程是中国民用航空飞行学院（简称，中飞院）飞行训练系列教材的一个重要部分，而飞行训练系列教材是飞行教学质量管理体系的基础，是统一飞行训练教学标准、提高教学质量的重中之重。中飞院的飞行训练系列教材主要分为基础理论系列教材、《飞行员训练手册》、标准课件、《训练课程》等几个部分，并结合训练情况，开发了小程序和网页提供电子版教材。

基础理论系列教材讲述了飞行相关的所有基础知识，如飞行原理、领航、气象、基本飞行方法等，具体包括《飞机飞行指南》《仪表飞行指南》《飞行员航空理论教程》等。这些知识是学生在进入飞行训练前应具备的理论基础，同时也是对飞行训练过程中遇到的实际问题解答的出处。

《飞行员训练手册》是针对各个机型单独编写的。它以机型操作手册为基础，结合学院的训练特点，对在该机型飞行训练中涉及的所有飞行科目进行了详细阐述和解释，是飞行训练过程中最直接的飞行方法参考手册。在基础理论系列教材、《飞行员训练手册》以及《实践考试标准》、中飞院《整体训练课程阶段检查标准》的基础上开发的飞行训练标准课件是对飞行训练重点和飞行教学方法的总结和提炼。它利用多媒体进行辅助教学，是学生预习、复习的重要参考资料，也是规范教员地面讲评和空中程序、加强教学效果的必要手段。

《训练课程》是整个飞行训练系列教材的核心，也是连接各教材的脉络。课程中的各个知识点都标注了在基础理论教材中的出处，所有的训练科目也有对应的标准课件。在飞行训练的执行过程中，只有按照训练课程设计的标准流水线进行教学，才能有效控制飞行训练各个环节的质量，使每名学生之间的教学效果具有可比性，才能更有效地发现教学过程中存在的问题，从而对现有飞行训练系列教材做出修订和改进，不断完善和发展飞行教学质量管理体系，提升学院在飞行员培训市场上的核心竞争力。

1.3 课程整体结构

本训练课程按照训练内容及获取执照或等级的不同，分为三个部分：单发私照、仪表等级和多发商照。而每个部分内部根据教学规律的原理和训练重点的转移，又相应地分为几个阶段。具体结构如下：

1.3.1 单发陆地飞机私用驾驶员执照训练部分（简称，单发私照部分）

该部分的训练内容和训练时间完全满足CCAR-141部对单发陆地飞机私用驾驶员执照申请人的训练要求。学生在完成本部分训练后，应通过私用驾驶员执照的理论和实践考试，获取单发陆地飞机私用驾驶员执照。该部分分为本场筛选、本场及转场单飞两个阶段。

1.3.1.1 本场筛选阶段

通过本场空域和起落航线的训练，使学员掌握基本的目视飞行方法。同时，对学生自身的飞行综合能力进行判断，决定是否继续下一阶段的飞行训练。由于学员完成此整体课程训练后可直接进入CCAR-121部航空公司进行副驾驶改装训练，所以本场筛选阶段在中飞院质量管理体系中的选拔意义尤为明显和重要。

1.3.1.2 本场及转场单飞阶段

巩固提高学生的飞行技术水平，开始进入转场训练，完成法规规定的本场和转场单飞，达到对私用驾驶员的所有要求。

1.3.2 仪表等级训练部分（简称，仪表等级部分）

该部分的训练内容和训练时间完全满足 CCAR-141 部对飞机仪表等级申请人的训练要求。学生在完成本部分训练后，应通过仪表等级的理论和实践考试，获取执照的仪表等级。

1.3.3 多发陆地飞机商用驾驶员执照训练部分（简称，多发商照部分）

该部分的训练内容和训练时间完全满足 CCAR-141 部对多发陆地飞机商用驾驶员执照申请人的训练要求。学生在完成本部分训练后，应通过商用驾驶员执照的理论和实践考试，获取多发陆地飞机商用驾驶员执照。该部分分为单发飞机和多发复杂飞机两个阶段。

1.3.3.1 单发飞机阶段

进行商用机动飞行及螺旋的训练，满足 CCAR-141 部关于特殊机动飞行训练的要求，同时开放设置学生机长训练课程的科目安排，积累学生机长经历时间，提高飞行综合能力水平。该阶段结束后，学生应达到单发商照实践考试标准中的相应要求。

1.3.3.2 多发复杂飞机阶段

熟悉多发飞机和复杂飞机的特性，进行相应的特情训练，达到多发商照实践考试标准中的相应要求。

1.3.3.3 航线理论课程

110 h。

1.4 地面课

地面课的代码为"GL"，其设置的目的是满足对执照申请人理论知识方面的要求。其课程设计主要包括课程目的、预习内容、教学内容、参考资料、完成标准等几个部分。地面课有多种开展方式，根据教学的需要，教员可以采取课堂讲授、分组讨论、现场演示、计算机辅助教学、PCATD（Personal Computer Aviation Training Device，个人计算机航空训练装置）等方式配合使用，以达到最好的教学效果。

1.5 飞行课

飞行课的代码为"FL"，其课程设计主要包括本课目的、进入条件、预习讲评内容、训练内容等几个部分。

按照正常的课程实施顺序，学生应该首先阅读"本课目的"，然后明确要满足的"进入条件"，进行过哪些相应的训练才能进入该课的训练，对该课的教学方向有一个总体把握。根据课程目的，学生应按照"预习讲评内容"使用参考资料帮助熟悉该课相关的知识点、程序、科目等。教员应按"预习讲评内容"，结合学生的预习情况，对该课的整个训练思路以及涉及的重点难点进行飞行前讲评，保证学生在上机练习阶段前做好充分准备。"训练内容"部分将科目按照不同的飞行阶段进行了分类，其中，用"○"标出的偏重于非技术技能，用"●"标出的偏重于技术技能。知识、技能和态度是构成飞行员能力的基本组成部分，对于它们有不同的评价标准，具体请参见本说明的"训练科目评分标准"部分。"训练内容"中有"训练科目""标准"和"评分"三列。"标准"指平均水平的学生按照预期在该课应该达到的分数标准，而"评分"是学生在进行了该课训练以后，实际达到的水平。该列由教员据实填写，作为电子化训练记录。

按照学习规律和课程设计，完整的飞行课还包括飞行后讲评，这部分由教员根据该课的教学目的和学生的完成标准有针对性地安排时间进行，不在本课程中列出具体内容。

1.6 综合课

课程在所设计的课程内容满足法规对所有训练科目和知识点要求的前提条件下，设置了部分综合课。根据本阶段课程的完成情况和学生的实际掌握水平，教员在主任飞行教员或助理主任飞行教员的指导下，可在综合课内灵活、有针对性地安排训练内容，以达到查漏补缺、巩固练习、提高学生综合运用能力的目的。综合课的飞行性质为带飞性质。其时间除可用于上述用途外，还可以用于补充训练、补充检查。

阶段检查之后的综合课只能在阶段检查之后进行。

1.7 课程执行时间

在课程设计的转场或复习阶段，部分飞行课安排的执行时间较长，以便于教员按照需要灵活安排转场等训练内容。若课程实际执行时间小于课程设计的时间，可以将该课内容分为多次执行，但仍需保证课程设计的训练内容得到良好地实施，以达到预期的教学效果。

1.8 训练器课

训练器课是飞行课必要的补充，是提高飞行训练质量措施中必不可少的一部分。为满足循序渐进的学习原理，提高飞行训练效率，加强飞行训练效果，原则上所有的新飞行科目都应首先在训练器上进行练习。

训练器课的代码为"FTD"，其课程设计结构与飞行课相同。与飞机上不同的是在训练器的教员台上可以设置起飞机场、起飞重量、油量、温度、能见度等诸多参数。这些参数对学员的训练条件影响非常明显，如温度对爬升率的影响，机场对航路的影响，甚至某些科目只能在特定的条件下进行训练，如云高和能见度对目视飞行的影响。因此，教员应尽量按照课程的要求对训练器进行设置，保证学生在课程设计的飞行环境中达到最好的训练效果。

1.9 训练科目评分标准

本课程在使用过程中，参照与训练阶段相对应的《实践考试标准》和《学院整体课程阶段检查标准》，使用5分制来对学生在飞行课和训练器课中的各种实际训练表现进行评价（1分最低，5分最高）。为便于大家理解和评估，可以将1~5分的含义大致归纳为"示范、提示、放手、达标、超标"。但对于不同类型的科目（技术技能、非技术技能），每一分都有具体的描述和标准，教员应严格按照该标准进行评分，尽量避免评价的随意性和主观性。

在对训练科目进行分类时，使用"○"表示该科目偏重非技术技能，"●"表示该科目偏重技术技能。

评分细则：评分结果取决于教员预期的能力水平和教员观察到的学员实际表现。

1分：出现不可接受的偏差，包括超出限制后未能发现，或虽发现但不能在有效时间内进行修正。飞行安全受到了影响，教员不得不接管飞机操纵。偏差动作一再出现，状态起伏特别大，对偏差的识别和修正异常慢，或根本不能识别或修正，或根本达不到训练目标。飞机操作粗猛，极大地偏离了规定的限制。技术技能和知识水平差到不可接受。行为表现出丧失了情景意识，且未能识别或修正。如果没有教员或其他机组成员不间断地提示或指导，根本不能做任何飞行管理。飞行安全受到严重影响，不能将风险减小到可接受范围。

2分：在做科目练习时，教员密切并准确地监控学员的表现，督促学员执行练习，正确地修正偏差。相关能力要素处于受训状态和/或达到初次接触的水平。学员需要教员的帮助才能达到要求的能力标准。

3分：教员间或少量地操纵飞机以修正偏差。学员留意教员的动作并做出补救动作。可能出现重大的偏差，包括短时超出规定限制，但能及时发现并在有效时间内进行修正。由于偏差过大总体表现不好，但能识别偏差并在可接受的时间范围内进行修正。飞机操纵熟练程度有限，和/或短时偏离规定限制。技术技能熟练程度和知识水平深度有限。出现暂时丢失情景意识的行为，但经自己察觉或经机组成员提醒能够意识到并能做出修正。飞行管理技术有效但略低于标准。有时候个别项目只有在教员或其他机组成员的督促或提示下才能完成。飞行安全不受影响，仅能稍微减小风险。

4分：不需要教员帮助。仅出现小的偏差，总体表现在规定限制之内。飞行素质好，总体表现满足标准要求，虽然会有小的偏差，飞机操纵正确主动。在规定限制以内，技术技能和知识达到要求的熟练水平。表现出情景意识能有效保持的行为，飞行管理技能有效，能保持安全飞行，能令人满意地减小风险。

5分：总体表现优秀，飞行管理技能极佳，在当前条件下表现完美。飞机操纵柔和、精确（很好地保持在限制范围内）。技术技能和知识超出了所要求的水平（能始终如一地满足要求），表现出能连续并准确保持情景意识的行为。飞行管理技能极佳，能保证飞行安全，风险被减轻得相当好。

技术技能及非技术技能的评分标准见表 1.1 和 1.2。

表 1.1 技术技能评分标准

分数	评分标准
1	学生表现差。 飞行素质差和/或安全意识差和/或错误判断和/或缺乏个人工作和/或低于标准和/或能力差和/或机动科目不能准确完成
2	学生处于受训状态和/或初次接触。 学员不能自主完成，须教员完成科目，能力要素处于受训状态下
3	学生基本达标。 能按标准正常完成标准但需要飞行后讲评，需要协助以达到标准
4	学生达到标准。 无须教员帮助能完成科目并达到标准（达到最终的能力标准），能圆满完成训练科目和程序，能满意地控制飞机，具备良好的飞行素质
5	学生高于标准。 训练科目和程序完成得非常好，决断能力和飞行素质非常好，表现超过标准

表 1.2 非技术技能评分标准

分数	评分标准
1	学生在完成该课训练后，对该科目涉及的原理和方法缺乏相应的了解，在执行过程中基本依赖教员的讲解和示范
2	学生在完成该课训练后，能够对该科目涉及的部分原理和方法进行简单的描述和解释，但在讲解和执行过程中有较多的错误和不足，在教员的帮助下能够做出相应的处置并完成该科目
3	学生在完成该课训练后，能够对该科目涉及的原理和方法进行较正确的描述和解释，在运用过程中出现的错误需要在教员的提示下进行修正，能够在不出现任何特殊情况时按照正常的工作程序完成该科目
4	学生在完成该课训练后，在对该科目涉及的原理和方法进行正确的描述和解释的基础上，能够不借助教员任何帮助处置较常见的特殊情况，完成该科目，且水平达到实践考试标准的要求
5	学生在完成该课训练后，能够完全正确地理解并综合运用与该科目相关的所有知识，独立管理好各项工作，对出现的各种情况进行快速准确的分析和评估，在执行的过程中不产生任何错误，完成水平高于实践考试标准的要求

1.10 训练记录

训练记录是 CCAR-141 部对驾驶员学校的基本要求，也是对飞行教学质量进行过程控制的重要环节。

为便于查询、统计和保存，提高工作的效率和准确性，中飞院配套训练课程推出了电子化训练记录系统。该系统通过网络的形式将所有学生的训练记录统一存放在服务器上，实现了训练记录的跨地区即时访问，并能在第一时间对划定范围的学生训练情况进行详细统计，以指导改进飞行教学工作。

在执行每次训练任务时，飞行教员可先将学生的训练表现情况简要地记录在该学生的训练课程中相应课程及科目的预留评分位置处。待该次训练任务完成后，飞行教员应及时使用个人账号登录该系统，认真完成训练记录的填写，保证考试员在阶段检查或实践考试前能使用和查阅这些记录。在学生完成全部训练后，相应的飞行训练管理部门应当按照相关法规及运行手册的要求对训练记录进行封存，保证在有需求时，能随时将相应的训练记录打印出来，提交经过教员签字确认的训练记录和成绩。

1.11 阶段检查

在每个阶段的最后都设置了一次阶段检查课。该检查课由学院依据相关法规和运行手册聘任的检查教员按照标准的阶段检查工作单执行。这是控制学生飞行训练质量、掌握教员教学水平的重要工具，是飞行教学质量体系中的关键环节。凡是阶段检查不合格的学员都不能进入下一阶段的训练。

1.12 补充训练

任何在阶段检查或实践考试中不合格的学员，都视为没有完成该阶段的飞行训练。必须在助理主任教员的授权下增加时间进行补充训练，待学生达到相应的水平后，重新进行阶段检查或实践考试，合格后方可继续下一阶段的训练、申请相应的执照、等级或者获取结业证。

1.13 训练课程的更新

在训练课程每页正文的页眉位置有该页课程的版本日期，如REV2022 2022.06，它代表该页课程内容的发布日期。能够保持持续的更新和修订是本课程的重要特征。如果在使用过程中发现其内容有可以改进或增补之处，欢迎大家向所属训练管理部门反映情况并提出修改建议（电子邮箱 feibiaochu@cafuc.edu.cn）。飞行训练标准处会在全学院范围内负责搜集相关意见建议，编排整理之后，定期对训练课程进行修正和完善，并重新发布新版本，保持课程的时效性，提升课程的实用性。

1.14 教员资质要求

实施本整体课程教学的飞行教员应持有现行有效的商用驾驶员执照或者航线运输驾驶员执照，并带有相应航空器类别和级别等级的基础教员等级和仪表教员等级，并且在教学之前，通过了初始教学检查，在云桌面系统中扣分2分以内。

1.15 训练时间安排

训练时间安排见表1.3和表1.4。

表1.3 阶段时间安排　　　　　　　　　　　　　　　　　　　　　　　　单位：h

训练阶段		训练时间	地面课时间	训练器时间	飞行课时间	带飞时间	单飞时间	机长时间	转场时间	仪表时间	夜航时间
单发私照部分	本场筛选阶段	15	21	2	13	15				0.5	
	本场及转场单飞阶段	51.5	16.5	6	45.5	41.5	10	10	13	2.5	3
	实践考试	1.5			1.5	1.5					
	小计	68	37.5	8	60	58	10	10	13	3	3
仪表等级部分	仪表飞行阶段	38	35	14	24	38			6	38	
	实践考试	2			2	2				2	
	小计	40	35	14	26	40			6	40	
多发商照部分	单发飞机阶段	86	32	5	81	35		51	10	5	
	多发复杂飞机阶段	34	14.5	8	26	20		14	14	5	7
	实践考试	2			2			2			
	小计	122	46.5	13	109	55		67	24	10	7
合计		230	119	35	195	153	10	77	43	53	10

表1.4 每课科目时间安排　　　　　　　　　　　　　　　　　　　　　　单位：h

课程名称	训练时间	训练器时间	飞行课时间	带飞时间	单飞时间	机长时间	转场时间	仪表时间	夜航时间
FTD1 座舱实习、程序练习	1	1							
FL1 地面程序、体验飞行	1		1	1					
FL2 熟悉空域进出、基本动作	1		1	1					
FL3 空域机动动作	1		1	1					
FTD2 程序练习	1	1							
FL4 空域机动动作、基本仪表动作	1		1	1				0.5	
FL5 起落航线	1		1	1					

续表

课程名称	训练时间	训练器时间	飞行课时间	带飞时间	单飞时间	机长时间	转场时间	仪表时间	夜航时间
FL6 起落航线	1		1	1					
FL7 起落航线	1		1	1					
FL8 起落航线	1		1	1					
FL9 起落航线	1		1	1					
FL10 起落航线	1		1	1					
FL11 起落航线、空域动作复习	1.5		1.5	1.5					
FL12 筛选	1.5		1.5	1.5					
本场筛选阶段小计	15	2	13	15				0.5	
FL13 本场带飞	1		1	1					
FL14 本场带飞	1		1	1					
FL15 本场带飞	1		1	1					
FL16 本场带飞	1		1	1					
FL17 本场带飞	1		1	1					
FTD3 应急操作	2	2		2					
FL18 应急操作	1.5		1.5	1.5					
FL19 本场带飞	1.5		1.5	1.5					
FL20 单飞前检查、首次单飞	1		1	0.5	0.5	0.5			
FTD4 空域机动科目	2	2		2					
FL21 本场带飞	1.5		1.5	1.5				0.5	
FL22 本场带飞	1.5		1.5	1.5				0.5	
FL23 本场带飞	1.5		1.5	1.5				0.5	
FL24 夜间本场带飞	1.5		1.5	1.5					1.5
FL25 起落单飞	2		2		2	2			
FL26 空域起落单飞	2.5		2.5		2.5	2.5			
FTD5 转场带飞	2	2		2					
FL27 转场带飞	2		2	2			2		
FL28 转场带飞	2		2	2			2		
FL29 夜间转场带飞	1.5		1.5	1.5			1.5	1	1.5
FL30 转场带飞检查及应急操作	2.5		2.5	2.5			2.5		
FL31 转场单飞	2		2		2	2	2		
FL32 转场单飞	3		3		3	3	3		
FL33 综合课	8.5		8.5	8.5					
FL34 阶段检查	1.5		1.5	1.5					
FL35 综合课	3		3	3					
本场及转场单飞阶段小计	51.5	6	45.5	41.5	10	10	13	2.5	3
FL36 实践考试	1.5		1.5	1.5					
单发陆地飞机私用驾驶员执照部分合计	68	8	60	58	10	10	13	3	3
FTD6 全仪表飞行	1	1		1				1	
FL37 全仪表飞行	1.5		1.5	1.5				1.5	
FTD7 部分仪表飞行	1	1		1				1	
FL38 全仪表及部分仪表飞行	1.5		1.5	1.5				1.5	
FTD8 传统导航设备导航	1	1		1				1	
FL39 传统导航设备导航	1.5		1.5	1.5				1.5	
FTD9 标准仪表进离场程序	1	1		1				1	
FL40 标准仪表进离场程序	1.5		1.5	1.5				1.5	
FTD10 等待程序	1	1		1				1	
FL41 等待程序	1		1	1				1	
FTD11 精密进近	1	1		1				1	
FL42 精密进近	1.5		1.5	1.5				1.5	
FTD12 非精密进近	1.5	1.5		1.5				1.5	
FL43 非精密进近	1.5		1.5	1.5				1.5	
FTD13 部分仪表进近	1.5	1.5		1.5				1.5	
FL44 部分仪表进近	2		2	2				2	

续表

课程名称	训练时间	训练器时间	飞行课时间	带飞时间	单飞时间	机长时间	转场时间	仪表时间	夜航时间
FTD14 GPS 导航及 RNP 飞行程序	2	2		2				2	
FL45 转场飞行	2		2	2			2	2	
FL46 长转场飞行	4		4	4			4	4	
FTD15 综合课	3	3		3				3	
FL47 阶段检查	2		2	2				2	
FL48 综合课	4		4	4				4	
仪表等级阶段小计	38	14	24	38			6	38	
FL49 实践考试	2		2	2				2	
仪表等级部分合计	40	14	26	40			6	40	
FL50 本场带飞	1.5		1.5	1.5					
FL51 本场带飞	1.5		1.5	1.5					
FTD16 商用机动飞行	1	1		1					
FL52 商用机动飞行	1.5		1.5	1.5					
FL53 商用机动飞行	2		2	2					
FL54 螺旋	1.5		1.5	1.5					
FL55 应急操作	1.5		1.5	1.5					
FL56 应急操作	1.5		1.5	1.5				1	
FL57 仪表飞行	2		2	2				2	
FL58 仪表飞行	2		2	2				2	
FL59 本场带飞	2		2	2					
FL60 学生机长训练	2		2			2			
FL61 学生机长训练	2		2			2			
FL62 学生机长训练	2		2			2			
FL63 学生机长训练	2		2			2			
FL64 学生机长训练	2		2			2			
FL65 学生机长训练	2		2			2			
FL66 学生机长训练	3		3			3			
FL67 学生机长训练	3		3			3			
FL68 学生机长训练	3		3			3			
FL69 学生机长训练	3		3			3			
FL70 学生机长训练	4		4			4			
FL71 学生机长训练（转场飞行）	3		3			3	3		
FL72 学生机长训练（转场飞行）	3		3			3	3		
FL73 学生机长训练（转场飞行）	4		4			4	4		
FL74 学生机长训练	4		4			4			
FL75 学生机长训练	3		3			3			
FL76 学生机长训练	4		4			4			
FTD17 模拟场景训练	4	4		4					
FL77 综合课	9		9	9					
FL78 阶段检查	2		2	2		2			
FL79 综合课	4		4	4					
单发飞机阶段部分合计	86	5	81	35		51	10	5	
FTD18 介绍多发复杂飞机	1	1		1					
FTD19 本场空域	1	1		1					
FL80 本场空域	2		2	2				1	
FTD20 仪表进近	1	1		1					
FL81 仪表进近	2		2	2				2	
FTD21 多发应急操作	2.5	2.5		2.5					
FL82 多发应急操作	2		2	2				1	
FL83 昼间目视转场	2		2	2			2		
FL84 转场飞行	3		3	3			3		
FL85 长转场飞行	4		4	4			4		
FTD22 夜间本场	1	1		1					

课程名称	训练时间	训练器时间	飞行课时间	带飞时间	单飞时间	机长时间	转场时间	仪表时间	夜航时间
FL86 夜间目视起落	2		2			2			2
FTD23 夜间应急操作	1.5	1.5		1.5					
FL87 夜间目视转场	3		3			3	3		3
FL88 夜间转场	2		2	2			2	1	2
FL89 综合课	2		2	2					
FL90 阶段检查	2		2			2			
多发复杂飞机阶段小计	34	8	26	20		14	14	5	7
FL91 实践考试	2		2			2			
多发复杂飞机阶段合计	36	8	28	20		16	14	5	7
多发陆地飞机商用驾驶员执照部分合计	122	13	109	55		67	24	10	7
合计	230	35	195	153	10	77	43	53	10

1.16 课程设计标准申明

经批准的航线运输驾驶员（飞机）整体课程应当至少包括规定的飞机类别私用驾驶员执照课程、仪表等级整体课程和多发商用驾驶员执照整体课程所要求的全部飞行训练内容。训练时间至少230小时，其中飞行模拟机、飞行训练器或者高级航空训练设备时间最多不超过35小时，且满足：

（1）CCAR141附件C1中单发飞机课程，对飞机的训练时间的要求。

（2）CCAR141附件D1中飞机仪表等级整体课程，对飞机的训练时间的要求。

（3）CCAR141附件D2中多发飞机课程，对飞机的训练时间的要求。

第 2 章
单发陆地飞机私用驾驶员执照训练

此页有意留白

2.1 概述

本部分的训练内容和训练时间完全满足 CCAR-141 部对单发陆地飞机私用驾驶员执照申请人的训练要求。本部分分为本场筛选、本场及转场单飞两个阶段。学生在完成本部分训练后，应通过私用驾驶员执照的实践考试，获取单发陆地飞机私用驾驶员执照，为进入仪表等级训练打下基础。

在本场筛选阶段，学生应该熟悉飞机系统和操作，了解飞机的基本性能，能够控制飞行状态，掌握基本的机动飞行、起落航线的飞行方法和注意力分配。在该阶段训练结束后，学生应该达到筛选标准的要求。

在本场及转场单飞阶段，学生将巩固前一阶段训练的内容，完成本场起落单飞。通过转场带飞训练，掌握地标罗盘领航和推测领航的必需技能，能够在目视条件下完成转场单飞训练。在该阶段训练结束后，学生应达到私用驾驶员执照实践考试的标准。

2.2 注册条件

学生取得体检合格证和学生驾驶员执照。

2.3 教学机组配置

在带飞训练时，要求教员在右座带飞，学生在左座接受训练。

在学生单飞训练时，学生须在左座飞行，且机上不能有其他成员。

在训练器飞行中，学生为操纵飞机的驾驶员，应当在左座实施飞行，教员或不操纵飞机的学生应当在右座执行工作任务。

2.4 课程时间安排表

课程时间安排见表 2.1 和 2.2。

表 2.1 阶段时间安排　　　　单位：h

阶段	地面课时间	训练课程	
		训练时间	
		训练器课时间	飞行课时间
本场筛选阶段	21	2	13.0
本场及转场单飞阶段	16.5	6	45.5
实践考试	0	0	1.5
合计	37.5	8	60.0

表 2.2 每课科目时间安排　　　　单位：h

课程名称	训练时间	训练器时间	飞行课时间	带飞时间	单飞时间	机长时间	转场时间	仪表时间	夜航时间
FTD1 座舱实习、程序练习	1	1		1					
FL1 地面程序、体验飞行	1		1	1					
FL2 熟悉空域进出、基本动作	1		1	1					
FL3 空域机动动作	1		1	1					
FTD2 程序练习	1	1		1					
FL4 空域机动动作、基本仪表动作	1		1	1				0.5	
FL5 起落航线	1		1	1					
FL6 起落航线	1		1	1					
FL7 起落航线	1		1	1					
FL8 起落航线	1		1	1					
FL9 起落航线	1		1	1					
FL10 起落航线	1		1	1					
FL11 起落航线、空域动作复习	1.5		1.5	1.5					
FL12 筛选	1.5		1.5	1.5					
本场筛选阶段小计	15	2	13	15				0.5	

续表

课程名称	训练时间	训练器时间	飞行课时间	带飞时间	单飞时间	机长时间	转场时间	仪表时间	夜航时间
FL13 本场带飞	1		1	1					
FL14 本场带飞	1		1	1					
FL15 本场带飞	1		1	1					
FL16 本场带飞	1		1	1					
FL17 本场带飞	1		1	1					
FTD3 应急操作	2	2		2					
FL18 应急操作	1.5		1.5	1.5					
FL19 本场带飞	1.5		1.5	1.5					
FL20 单飞前检查、首次单飞	1		1	0.5	0.5	0.5			
FTD4 空域机动科目	2	2		2					
FL21 本场带飞	1.5		1.5	1.5				0.5	
FL22 本场带飞	1.5		1.5	1.5				0.5	
FL23 本场带飞	1.5		1.5	1.5				0.5	
FL24 夜间本场带飞	1.5		1.5	1.5					1.5
FL25 起落单飞	2		2		2	2			
FL26 空域起落单飞	2.5		2.5		2.5	2.5			
FTD5 转场带飞	2	2		2					
FL27 转场带飞	2		2	2			2		
FL28 转场带飞	2		2	2			2		
FL29 夜间转场带飞	1.5		1.5	1.5			1.5	1	1.5
FL30 转场带飞检查及应急操作	2.5		2.5	2.5			2.5		
FL31 转场单飞	2		2		2	2	2		
FL32 转场单飞	3		3		3	3	3		
FL33 综合课	8.5		8.5	8.5					
FL34 阶段检查	1.5		1.5	1.5					
FL35 综合课	3		3	3					
本场及转场单飞阶段小计	51.5	6	45.5	41.5	10	10	13	2.5	3
FL36 实践考试	1.5		1.5	1.5					
单发陆地飞机私用驾驶员执照部分合计	68	8	60	58	10	10	13	3	3

2.5 课程设计标准申明

2.5.1 航空知识训练

本部分课程满足每门经批准的训练课程应当至少包括 CCAR-61 部第 61.125 条要求的相应航空器等级的航空知识地面训练或者自学课程。训练时间至少 35 小时（共计 37.5 小时）。

2.5.2 航空知识训练

（1）本部分课程满足每门经批准的训练课程应当至少包括 CCAR-61 部第 61.127 条要求的相应航空器等级的飞行技能训练。训练时间至少 35 小时（共计 68 小时）。

在单发飞机上由授权教员提供的至少 20 小时飞行训练，该训练至少包括：

① 3 小时单发飞机转场飞机训练（FL27、FL28、FL29、FL30）。

② 3 小时单发飞机夜间飞行训练，包括 10 次起飞和着陆（FL24），以及一次总飞行距离超过 180 千米（100 海里）的转场飞行（FL29）；不能满足本要求的，局方将在其驾驶员执照上签注"禁止夜间飞行"。

③ 至少 3 小时单发飞机仪表飞行训练，包括仅参考仪表进行平飞、上升、下降、转弯、从不正常姿态中改出，以及无线电通信、导航设备的使用和空中交通管制程序（FL4、FL21、FL22、FL23、FL29）。

④ 3 小时为单发飞机实践考试做准备的飞行训练，该训练应当在考试日期前 60 日内完成。

（2）本部分课程满足 10 小时单发飞机单飞训练（FL20、FL25、FL26、FL31、FL32），该训练至少包括：

① 5 小时转场单飞训练（FL31、FL32）。

② 一次总距离至少为 270 千米（150 海里）的转场单飞，在至少两个着陆点作全停着陆，其中一个航段的起飞和着陆地点之间的直线距离至少为 90 千米（50 海里）；或者一次总距离至少 180 千米（100 海里）的转场单飞，在至少三个着陆点进行全停着陆，其中一个航段的起飞和着陆点之间的直线距离至少为 90 千米（50 海里）（FL31、FL32）。

③ 在具有飞行管制塔台的机场进行 3 次起飞和 3 次全停着陆（FL20、FL25、FL26、FL31、FL32）。

（3）持有飞机类别等级的执照持有人，其原飞机经历最多可以折算 10 小时上述飞行训练时间。

此页有意留白

2.6 地面教学提纲

本场筛选阶段

阶段目的

本阶段学员将学习影响飞行的空气动力学理论；学习飞机各组成部分和系统的知识，掌握重量与平衡的知识；学习安全飞行、机场、空域、无线电通信和航空管制服务（包括雷达）的基础知识；学习气象知识，掌握天气资料（包括实况、预报和各种天气图）的知识；学习航空法规，了解私照飞行员的权利和义务。

完成标准

学生至少以80分通过本阶段的理论考试，教员应让学生回顾每个不正确的答案，以确保学生在进入下阶段学习前完全掌握这些知识。

GL1：航空概论（2:00）

教学资料
《飞行员航空理论教程》航空概论。

实施顺序
课程介绍；
课堂讨论。

课程目的
开始熟悉飞行训练、民航职业教育和航空中人的因素；
基本理解飞行训练计划。

教学内容
- CAAC 规章；
- 介绍飞行训练计划；
- 基地运行要求；
- 资格要求；
- 训练阶段；
- 私用飞行员的权利和限制。

民航职业教育
- 执照与等级种类；
- 执照附加等级；
- 航空经历。

介绍人的因素
- 航空决策；
- 机组资源管理；
- 机长责任；
- 交流；
- 资源利用；
- 工作负荷管理；
- 处境意识；
- 航空生理学；
- 酒精、麻醉品对能力的影响；
- 不适应飞行的表现。

完成标准
学生熟悉飞行训练、理解民航职业教育和航空中人的因素，并通过教员的口头测试；
基本理解飞行训练计划。

学习课程
《飞行员航空理论教程》飞机系统。

GL2：飞机系统（2:00）

教学资料
　　《飞行员航空理论教程》飞机系统。

实施顺序
　　课程介绍和多媒体教学；
　　课堂讨论。

课程目的
　　基本理解飞机系统和构成；
　　开始熟悉飞机仪表的功能与特点，包括仪表误差与失效；
　　学习发动机及相关系统知识。

教学内容
　　飞机
　　　　☐ 机身；
　　　　☐ 机翼；
　　　　☐ 机尾；
　　　　☐ 起落架；
　　　　☐ 发动机/螺旋桨；
　　　　☐ 飞行手册或飞行员操纵手册。

　　发动机及相关系统
　　　　☐ 活塞发动机；
　　　　☐ 系统介绍；
　　　　☐ 增压和涡轮增压原理；
　　　　☐ 点火系统；
　　　　☐ 燃油系统；
　　　　☐ 排气系统；
　　　　☐ 螺旋桨；
　　　　☐ 电气系统。

　　飞机仪表
　　　　☐ 全静压仪表；
　　　　☐ 空速表；
　　　　☐ 高度表及其拨正程序；
　　　　☐ 升降速度表；
　　　　☐ 转弯侧滑仪；
　　　　☐ 磁罗盘。

完成标准
　　学生能够理解本课内容，并通过教员口头测试；
　　学生至少以 80 分完成问题的回答，教员应让学生回顾每个不正确的答案，以确保学生在进入 GL3 前完全掌握所学的知识。

学习课程
　　《飞行员航空理论教程》空气动力学原理。

GL3：空气动力学原理（2:00）

教学资料
　　《飞行员航空理论教程》空气动力学原理。

实施顺序
　　课程介绍和多媒体教学；
　　课堂讨论。

课程目的
　　本课学习飞行中的 4 个力、机动飞行中的空气动力学原理和影响飞机稳定性的因素以及飞机载荷；
　　学习飞行失速的主要表现，基本理解失速、螺旋及改出知识。

教学内容
　飞行中的 4 个力
　　❏ 升力、重力、推力和阻力；
　　❏ 飞行员如何控制升力；
　　❏ 地面效应。

　稳定性
　　❏ 飞行过程中的三个轴；
　　❏ 横侧稳定性；
　　❏ 重心位置；
　　❏ 方向稳定性；
　　❏ 俯仰稳定性；
　　❏ 失速、螺旋和改出。

　机动飞行的空气动力影响
　　❏ 上升中的受力情况；
　　❏ 下降中的受力情况；
　　❏ 转弯中的受力情况；
　　❏ 载荷因素。

完成标准
　　学生能够理解本课内容，并通过教员口头测试；
　　学生至少 80 分完成问题的回答，教员应让学生回顾每个不正确的答案，以确保学生在进入 GL4 前完全掌握所学的知识。

学习课程
　　《飞行员航空理论教程》飞行环境。

GL4：飞行环境（2:00）

教学资料
《飞行员航空理论教程》飞行环境。

实施顺序
课程介绍和多媒体教学；
课堂讨论。

课程目的
理解影响飞行安全的重要因素，包括防撞、避让原则和最低安全高度；
完全熟悉机场标志信号、灯光、航空图符号以及空域的种类划分；
学习防撞和跑道避让的程序。

教学内容：

影响飞行安全的因素
- 防撞/目视观察；
- 机场运行；
- 航路优先权；
- 最低安全高度；
- 风对滑行的影响；
- 正确交接飞机的方法。

机场运行
- 管制机场；
- 机场布局；
- 起落航线；
- 机场目视标志；
- 滑行道标志；
- 避免跑道入侵；
- 停机避让程序；
- 机场灯光；
- 目视风向指示；
- 进近灯光系统；
- 飞机灯光系统。

地图
- 经纬度；
- 地图投影；
- 地图作业；
- 地图标记、符号。

空域
- 空域种类；
- 管制空域；
- 通用航空机场空域；
- 一般国内运输机场空域；
- 一般国际运输机场空域；
- 特别繁忙运输机场空域；
- 特殊目视飞行规则；
- 限制区；
- 禁区；
- 应急情况处置。

完成标准
学生能够理解本课内容，并通过教员口头测试；
学生至少 80 分完成问题的回答，教员应让学生回顾每个不正确的答案，以确保学生在进入 GL5 前完全掌握所学的知识。

学习课程
《飞行员航空理论教程》无线电通信和飞行信息。

GL5：通信和飞行信息（2:00）

教学资料
　　《飞行员航空理论教程》无线电通信和飞行信息。

实施顺序
　　课程介绍和多媒体教学；
　　课堂讨论；
　　PCATD。

课程目的
　　介绍应答机操作；
　　学习交通管制服务及程序；
　　学习无线电通信知识及程序；
　　理解如何利用飞行信息资源，特别是航行通告和航行资料汇编等内容。

教学内容
　　雷达和 ATC 服务
　　　□ 雷达知识介绍；
　　　□ 应答机操作；
　　　□ 雷达引导；
　　　□ ATIS；
　　　□ 甚高频通信设备。

　　无线电通信程序
　　　□ 甚高频通信设备；
　　　□ 无线电通信程序；
　　　□ 无线电通信中的数字和字母；
　　　□ 世界协调时；
　　　□ 航空咨询频率；
　　　□ 非管制机场和 ATC 地面设备；
　　　□ 无线电通信失效程序；
　　　□ 应急程序；
　　　□ 应急定位发射机。

　　航空信息资源
　　　□ 机场地面设施；
　　　□ 航空法规；
　　　□ 航行资料汇编（AIP）；
　　　□ 航行通告；
　　　□ 咨询通告。

完成标准
　　学生能够理解本课内容，并通过教员口头测试；
　　学生至少 80 分完成问题的回答，教员应让学生回顾每个不正确的答案，以确保学生在进入下一课前完全掌握所学的知识。

学习课程
　　复习已学的内容。

GL6: 综合复习（1:30）

教学资料
《飞行员航空理论教程》相关内容。

实施顺序
　　课程介绍；
　　复习测试；
　　讲评。

课程目的
　　检验学生对 GL1~5 所学知识的理解程度。

考试内容
　　☐ 飞机系统；
　　☐ 空气动力学；
　　☐ 飞行环境；
　　☐ 无线电通信和飞行信息。

完成标准
　　学生至少以 80 分完成问题的回答，教员应让学生回顾每个不正确的答案，以确保学生在进入下一阶段前完全掌握所学的知识。

学习课程
　　《飞行员航空理论教程》航空气象。

GL7：航空气象（2:00）

教学资料
　　《飞行员航空理论教程》航空气象。

实施顺序
　　课程介绍和多媒体教学；
　　课堂讨论。

课程目的：
　　学习不同的天气条件、锋面系统和危险天气现象等航空气象知识；
　　掌握如何在地面和空中辨别各种危险天气，包括雷暴的危害；
　　熟悉如何避免尾流和风切变。

教学内容
　基础气象理论
　　❏ 大气层；
　　❏ 大气对流；
　　❏ 大气压力。

　大气循环
　　❏ 大气稳定性；
　　❏ 温度与水气；
　　❏ 空气湿度；
　　❏ 露点；
　　❏ 状态变化；
　　❏ 气团；
　　❏ 云和雾；
　　❏ 锋面。

　危险天气
　　❏ 雷暴；
　　❏ 颠簸；
　　❏ 微下击暴流；
　　❏ 风切变；
　　❏ 地形对风的影响；
　　❏ 晴空颠簸；
　　❏ 尾流；
　　❏ 积冰；
　　❏ 能见度限制。

完成标准
　　学生能够理解本课内容，并通过教员口头测试；
　　学生至少 80 分完成问题的回答，教员应让学生回顾每个不正确的答案，以确保学生在进入 GL8 前完全掌握所学的知识。

学习课程
　　CAAC 有关私照驾驶员飞行的法规。

GL8：航空法规（2:00）

教学资料
CAAC 有关私照驾驶员飞行的法规。

实施顺序
课程介绍；
课堂讨论。

课程目的
理解私照需要学习的飞行规则；
了解法规中学生单飞、私用飞行员权利、限制和事故报告等要求。

教学内容
❑ CCAR 61；
❑ CCAR 91；
❑ 事故报告及搜索救援程序。

完成标准
学生能够理解本课内容，并通过教员口头测试；
学生至少 80 分完成问题的回答，教员应让学生回顾每个不正确的答案，以确保学生在进入 GL9 前完全掌握所学的知识。

学习课程
《飞行员航空理论教程》气象数据分析。

GL9: 气象数据分析（2:00）

教学资料
《飞行员航空理论教程》气象数据分析。

实施顺序
课程介绍和视频介绍；
课程讨论。

课程目的
学习怎样获得和分析天气报告、格式和图表；
在飞行中和飞行前计划时熟悉天气信息的来源；
识别在天气报告和预报中的临界天气状况。

教学内容
预报过程
❑ 气象预报；
❑ 气象预报类型；
❑ 收集和处理气象资料；
❑ 预报的准确性和限制。

报告和预报的打印
❑ （METAR）日常飞行气象报告；
❑ 气象雷达报告；
❑ 飞行员气象报告；
❑ (TAF) 航站预报；
❑ 飞行区域预报；
❑ 高空风和温度预报；
❑ 恶劣天气报告和预报。

气象图解
❑ 天气形势分析图；
❑ 雷达摘要图表；
❑ 卫星气象云图；
❑ 低空重要气象情报；
❑ 重要天气预告图；
❑ 高空风 / 高空温度预告图；
❑ 火山灰扩散的轨迹预告。

气象信息的来源
❑ 飞行前气象来源；
❑ 飞行中气象来源；
❑ 航路飞行咨询服务；
❑ 气象雷达服务；
❑ 自动天气报告系统。

完成标准
学生能够理解本课内容，并通过教员口头测试；
学生至少以 80 分完成问题的回答，教员应让学生回顾每个不正确的答案，以确保学生在进入 GL10 阶段考试前完全掌握所学的知识。

学习课程
复习《飞行员航空理论教程》为阶段考试做准备。

GL10：阶段考试（3:30）

教学资料
　　《飞行员航空理论教程》相关内容。

实施顺序
　　课程介绍；
　　考试；
　　讲评。

课程目的
　　检验学生对 GL7~9 所学知识的理解程度。

考试内容
　　☐ 航空气象；
　　☐ 航空法规；
　　☐ 气象数据分析。

完成标准
　　学生至少以 80 分完成阶段考试，并且教员应让学生回顾每个不正确的答案，以确保学生在进入下一阶段前完全掌握所学的知识。

学习课程
　　《飞行员航空理论教程》飞机性能。

本场及转场单飞阶段

阶段目的

学员将学习飞行性能、人为因素和航空生理学方面的知识；学习基本的导航知识、地标罗盘和无线电领航，包括航图使用、计算尺向量尺使用和转场飞行的航行通告等知识；学习 VOR 和 ADF 领航、航空生理学以及如何准备转场计划和影响决策过程的因素等知识。

完成标准

学生至少以 80 分通过本阶段的理论考试，教员应让学生回顾每个不正确的答案，以确保学生在进入下阶段的学习前完全掌握这些知识。

此页有意留白

GL11: 飞机性能（2:00）

教学资料
《飞行员航空理论教程》飞机性能。

实施顺序
课程介绍和多媒体教学；
课堂讨论。

课程目的
学习如何利用制造商提供的飞机性能数据（包括起飞和着陆的距离），了解燃油与油量要求；
学会典型训练飞机的重量平衡的计算与控制；
熟悉计算尺的基本功能；
理解起飞和上升性能对飞机上升高度的影响。

教学内容

预测性能
- 飞机性能和图表设计；
- 影响性能的因素；
- 起飞和着陆性能；
- 上升性能；
- 巡航性能；
- 性能图表的使用。

重量与平衡
- 重量的重要性；
- 平衡的含义（术语）；
- 重量与平衡的原理；
- 计算法；
- 查表法；
- 查图法；
- 重量变化公式；
- 大重量条件下对操作的影响；
- 各种重心位置下的飞行；
- 燃油油量的计算。

飞行计算
- 飞行计算尺的使用；
- 时间、速度、距离计算；
- 空速与高度的计算；
- 风的影响；
- 单位换算；
- 综合影响；
- 电子飞行计算器；
- 模式和基本操作。

完成标准
学生能够理解本课内容，并通过教员口头测试；
学生至少以 80 分完成问题的回答，教员应让学生回顾每个不正确的答案，以确保学生在进入 GL12 前完全掌握所学的知识。

学习课程
《飞行员航空理论教程》导航。

GL12: 导航（2:00）

教学资料
　　《飞行员航空理论教程》导航。

实施顺序
　　课程介绍和多媒体教学；
　　课堂讨论；
　　PCATD。

课程目的
　　通过对领航术、领航记录表和机载导航设备的学习，理解 VFR 导航的基本概念；
　　熟悉与飞行计划、目视巡航高度层和迷航处置相关的程序。

教学内容

　地标领航和推测领航
- 地标领航；
- 推测领航；
- 飞行计划过程；
- 目视巡航高度层；
- 飞行计划；
- 迷航处置程序。

　VOR 导航
- VOR 的使用；
- 地面和空中设备；
- 基本使用程序；
- VOR 定位和导航；
- VOR 检查点和信号测试；
- VOR 警告；
- 水平状态指示器（HSI）；
- （DME）测距机。

　ADF 导航
- ADF 设备；
- 定位；
- ADF 归航；
- ADF 切入和保持航迹；
- ADF 表盘调整；
- 无线电磁指示器；
- ADF 警告。

　高级导航
- 惯性导航；
- GPS 全球定位系统。

完成标准
　　学生能够理解本课内容，并通过教员口头测试；
　　学生至少以 80 分完成问题的回答，教员应让学生回顾每个不正确的答案，以确保学生在进入 GL13 前完全掌握所学的知识。

学习课程
　　《飞行员航空理论教程》人为因素。

GL13: 人为因素（2:00）

教学资料
　　《飞行员航空理论教程》人为因素。

实施顺序
　　课程介绍和多媒体教学；
　　课堂讨论。

课程目的
　　了解生理对私用驾驶员操纵的相关影响；
　　接受飞行中判断和决策的基本程序和原理的训练，包括驾驶舱资源管理和人为因素的培训；
　　对空中决断和判断有基本的了解。

教学内容
　　航空生理
　　　❏ 飞行视力；
　　　❏ 夜间视力；
　　　❏ 幻觉；
　　　❏ 空间失定向；
　　　❏ 呼吸；
　　　❏ 缺氧；
　　　❏ 换气过度。

　　空中决策
　　　❏ 决断过程；
　　　❏ 机长职责；
　　　❏ 交流；
　　　❏ 工作负荷管理；
　　　❏ 处境意识；
　　　❏ 资源利用；
　　　❏ 人为因素的训练。

完成标准
　　学生能够理解本课内容，并通过教员口头测试；
　　学生至少以80分完成问题的回答，教员应让学生回顾每个不正确的答案，以确保学生在进入下一课前完全掌握所学的知识。

学习课程
　　复习《飞行员航空理论教程》为下一课做准备。

GL14：综合复习（1:30）

教学资料
　　《飞行员航空理论教程》相关内容。

实施顺序
　　课程介绍；
　　复习测试；
　　讲评。

课程目的
　　检验学生对 GL11~13 所学知识的理解程度。

教学内容
　　☐ 飞机性能；
　　☐ 导航；
　　☐ 人为因素；
　　☐ 空中决策。

完成标准
　　学生能够理解本课内容，并通过教员口头测试；
　　学生至少以 80 分完成问题的回答，教员应让学生回顾每个不正确的答案，以确保学生在进入下一课前完全掌握所学的知识。

学习课程
　　《飞行员航空理论教程》转场飞行。

GL15：转场飞行（2:00）

教学资料
《飞行员航空理论教程》转场飞行。

实施顺序
课程介绍和多媒体教学；
课堂讨论。

课程目的
学习如何制定转场飞行计划；
熟悉典型转场飞行过程中的各个环节，包括飞行过程中天气影响的判断和决策，如何绕航；
了解如何实施备降计划和备降场的选择，如何返航。

教学内容
飞行计划过程
- 航路计划；
- 起飞前了解天气；
- 计算和填写领航记录表；
- 飞行计划与延误后的备份计划；
- 飞行前检查。

航图使用
- 航图信息内容简述；
- 最低安全高度；
- 平面图；
- 剖面图。

进近阶段
- 初始进近阶段；
- 中间进近阶段；
- 最后进近阶段；
- 复飞阶段。

进近图格式的变化
- 复飞点；
- 换算表；
- 飞行进近种类；
- 最低下降要求；
- 能见度要求。

机场图
- 跑道平面图；
- 通信资料；
- 平面图及其他资料；
- 机场起飞最低标准。

完成标准
学生能够理解本课内容，并通过教员口头测试；
学生至少以 80 分完成问题的回答，教员应让学生回顾每个不正确的答案，以确保学生在进入 GL16 前完全掌握所学的知识。

学习课程
复习《飞行员航空理论教程》为阶段考试或私照理论考试做准备。

GL16: 航空图表（2:00）

教学资料
　　《飞行员航空理论教程》航空图表；
　　区域，终端和航空图表。

实施顺序
　　课程介绍和多媒体教学；
　　课堂讨论。

课程目的
　　复习机场环境、空域的飞行信息，包括防撞和避免侵入跑道；
　　复习打印的气象报告、预报、气象图表以及气象信息的来源等知识，进一步掌握与飞行操作有关的危险天气模式；
　　复习 VFR 航空图表知识，并提高对其的理解。

教学内容
　机场，空域和飞行信息
　　❏ 跑道和滑行道记号；
　　❏ 避免侵入跑道；
　　❏ 停机等待程序；
　　❏ 灯光系统；
　　❏ 空域；
　　❏ 飞行信息；
　　❏ 气象因素；
　　❏ 气象危害；
　　❏ 打印的报告和预报；
　　❏ 气象图表；
　　❏ 气象信息的来源。

　航空图表
　　❏ 中低空图、高空图；
　　❏ 区域图；
　　❏ 经度和纬度；
　　❏ 机场数据；
　　❏ 导航设施；
　　❏ 障碍物；
　　❏ 地形信息。

完成标准
　　学生能够理解机场环境、空域等飞行信息以及打印的气象报告和预报、气象图表、气象信息、气象危害等知识内容，并通过教员口头测试；
　　学生至少以 80 分完成问题的回答，教员应让学生回顾每个不正确的答案，以确保学生在进入 GL17 前完全掌握所学的知识，特别是用于 VFR 转场的航空图表知识。

学习课程
　　复习《飞行员航空理论教程》VFR 转场地标领航和推测领航法。

GL17: 地标领航和推测领航（2:00）

实施顺序
  课程介绍；
  课堂讨论。

课程目的
  复习 VFR 地标领航和推测领航法的知识，提高领航知识水平；
  熟悉与飞行计划有关的程序，包括适当的 VFR 巡航高度、基于空域的航路选择和迷航处置程序。

教学内容
地标领航和推测领航
  ❑ 地标领航；
  ❑ 检查点的选择；
  ❑ 沿航线飞行；
  ❑ 定位；
  ❑ 推测领航；
  ❑ 领航计划；
  ❑ 飞行计划；
  ❑ 领航飞行记录；
  ❑ 飞行计划的实施；
  ❑ 位置报告；
  ❑ 飞越危险地形。

完成标准
  学生能够理解 VFR 转场飞行的地标领航和推测领航方法，并通过教员口头测试；
  学生至少以 80 分完成问题的回答，教员应让学生回顾每个不正确的答案，以确保学生在进入 GL18 阶段考试或私照理论考试前完全掌握所学的知识。

GL18：课程结束或私照理论考试（3:00）

教学资料
《飞行员航空理论教程》相关内容。

实施顺序
　　课程介绍；
　　考试；
　　讲评。

课程目的
　　考察学生是否已掌握私用飞行员应掌握的所有航空理论知识。

考试内容
　　❏ 私用飞行员应掌握的所有航空理论知识。

完成标准
　　通过阶段考试或私照理论考试；
　　学生在通过阶段考试或私照理论考试后，可以进行第二部分地面课程的学习。

学习课程
　　《飞行员航空理论教程》航空图表。

2.7 飞行训练提纲

本场筛选阶段

阶段目的

本阶段学生将熟悉飞机系统及其操纵方法，了解飞机的基本性能，学会控制飞行状态。

完成标准

本阶段学生必须掌握基本的机动飞行、起落航线的操纵方法和注意力分配，在教员的少量提示下完成目测落地。

FTD1：座舱实习、程序练习（1:00）

项目	飞行前讲评	飞行后讲评	飞机带飞	FTD	单飞/机长
推荐时间	1:30	0:30		1:00	
总 时 间				1:00	

本课目的
　　本课主要是让学生熟悉座舱环境，练习开关车程序。

进入条件
　　完成相应的地面课。

预习讲评内容

科目	飞机飞行指南	仪表飞行指南
相关法规	1.2	
检查单的使用	1.3.4	
明确的飞机操纵交接	1.3.5	
地面运行	2.3	
发动机起动	2.4	
滑行	2.6	
关车	2.11	

训练内容

科目	标准	评分
地面		
○飞行准备	2	
○驾驶舱预先准备	2	
○驾驶舱准备	2	
○ATIS 的使用	1	
●开车和试车	2	
●正确交接飞行操纵	2	
●检查单的使用	2	
○起飞前检查	2	

FL1：地面程序、体验飞行（1:00）

项目	飞行前讲评	飞行后讲评	飞机带飞	FTD	单飞/机长
推荐时间	1:30	0:30	1:00		
总时间			1:00	1:00	

本课目的

本课作为体验飞行课，主要是让学生熟悉地面程序，体验空中飞行环境，消除对飞行的陌生感，建立基本飞行操纵印象。

进入条件

完成 FTD1。

预习讲评内容

科目	飞机飞行指南	仪表飞行指南
相关法规	1.2	
避免跑道入侵	1.3.2	
检查单的使用	1.3.4	
明确的飞机操纵交接	1.3.5	
飞行前检查	2.1	
驾驶舱内部	2.1.1	
机翼外表面和尾部	2.1.2	
燃油和滑油	2.1.3	
起落架、轮胎和刹车	2.1.4	
发动机和螺旋桨	2.1.5	
驾驶舱管理	2.2	
地面运行	2.3	
发动机启动	2.4	
滑行	2.6	
起飞前检查	2.7	
四个基本飞行机动	3.1	
内外结合的注意力分配	3.6	
直线平飞	3.7	
配平操作	3.8	
平飞转弯	3.9	
爬升和爬升转弯	3.10	
下降和下降转弯	3.11	
起飞前准备	5.3	
正常起飞程序	5.4	
机场起落航线及其运行	7.1	
矩形起落航线	7.2	
标准起落航线	7.3	
配平		2.6
爬升		2.8
转弯		2.9

训练内容

科目	标准	评分
地面		
○飞行准备	3	
○绕机目视检查	2	
○驾驶舱预先准备	3	
○驾驶舱准备	3	
○无线电通信和 ATC 灯光信号	2	
○ ATIS 的使用	2	
●检查单的使用	2	
○机场跑道、滑行道的标志和灯光	2	
●开车和试车	2	
●滑行	2	
●正确交接飞行操纵	2	
○起飞前检查	2	
本场		
●起飞	2	
●离场和爬升	2	
●三态互换	2	
●从巡航速度到小速度之间变速飞行	2	
●下降和进场	2	
●起落航线	2	
●停机关车	2	
●飞行后程序	2	

FL2: 熟悉空域进出、基本动作（1:00）

项目	飞行前讲评	飞行后讲评	飞机带飞	FTD	单飞/机长
推荐时间	1:30	0:30	1:00		
总时间			2:00	1:00	

本课目的

本课主要是让学生熟悉空域进出方法，练习飞行基本动作。

进入条件

完成相应的地面课。

预习讲评内容

科目	飞机飞行指南	仪表飞行指南
飞行前检查	2.1	
驾驶舱内部	2.1.1	
机翼外表面和尾部	2.1.2	
燃油和滑油	2.1.3	
起落架、轮胎和刹车	2.1.4	
发动机和螺旋桨	2.1.5	
发动机启动	2.4	
滑行	2.6	
关车	2.11	
操纵装置的使用和效果	3.2	
对飞机的感觉	3.3	
姿态飞行	3.4	
"操纵和性能"概念	3.5	
内外结合的注意力分配	3.6	
直线平飞	3.7	
配平操作	3.8	
平飞转弯	3.9	
爬升和爬升转弯	3.10	
下降和下降转弯	3.11	
俯仰姿态和功率	3.12	
起飞前准备	5.3	
正常起飞程序	5.4	
升力		2.4
配平		2.6
爬升		2.8
转弯		2.9
姿态仪表飞行的基本技能		5.3
常见错误		5.4
直线平飞		7.2
直线爬升和下降		7.3
小速度飞行	4.2	

训练内容

科目	标准	评分
地面		
○飞行准备	3	
○绕机目视检查	3	
○驾驶舱预先准备	3	
○驾驶舱准备	3	
○无线电通信和ATC灯光信号	2	
●检查单的使用	2	
●开车和试车	3	
●滑行	3	
●避让和防撞	2	
○起飞前检查	3	
本场		
●起飞	2	
●离场和爬升	2	
●三态互换	2	
●小速度飞行	2	
●向左右两个方向的中等坡度盘旋	2	
●下降和进场	2	
●起落航线	2	
●停机关车	2	
●飞行后程序	3	

FL3：空域机动动作（1:00）

项目	飞行前讲评	飞行后讲评	飞机带飞	FTD	单飞/机长
推荐时间	1:30	0:30	1:00		
总 时 间			3:00	1:00	

本课目的
　　本课主要是让学生熟悉空域科目和相关飞行原理，练习飞行基本动作。

进入条件
　　完成相应的地面课。

预习讲评内容

科目	飞机飞行指南	仪表飞行指南
失速意识	1.3.3	
滑行	2.6	
起飞前检查	2.7	
着陆后	2.8	
脱离跑道后	2.9	
四个基本飞行机动	3.1	
对飞机的感觉	3.3	
姿态飞行	3.4	
"操纵和性能"概念	3.5	
平飞转弯	3.9	
爬升和爬升转弯	3.10	
下降和下降转弯	3.11	
失速	4.3	
失速的识别	4.3.1	
失速改出基础	4.3.2	
完全失速——无功率	4.3.3.2	
起飞前准备	5.3	
正常起飞程序	5.4	
起飞中的地面效应	5.6	
参考地面的机动目的和范围	6.1	
以地面物体为参照的机动飞行	6.2	
爬升		2.8
转弯		2.9
小速度飞行	4.2	

训练内容

科目	标准	评分
地面		
○飞行准备	3	
○绕机目视检查	3	
○驾驶舱预先准备	3	
○驾驶舱准备	3	
○ATIS 的使用	3	
○无线电通信和ATC 灯光信号	3	
●检查单的使用	3	
●开车和试车	3	
●滑行	3	
●正确交接飞行操纵	3	
●避让和防撞	3	
○机场跑道、滑行道的标志和灯光	3	
○起飞前检查	3	
本场		
●起飞	2	
●离场和爬升	2	
●三态互换	3	
●小速度飞行	2	
●向左右两个方向的中等坡度盘旋	3	
●起落航线	2	
●停机关车	3	
●飞行后程序	3	

FTD2: 程序练习（1:00）

项目	飞行前讲评	飞行后讲评	飞机带飞	FTD	单飞/机长
推荐时间	1:30	0:30		1:00	
总 时 间			3:00	2:00	

本课目的
　　本课主要是让学生熟悉内外结合的注意力分配，练习飞行基本动作。

进入条件
　　完成相应的地面课。

预习讲评内容

科目	飞机飞行指南	仪表飞行指南
避免跑道入侵	1.3.2	
起飞前检查	2.7	
四个基本飞行机动	3.1	
内外结合的注意力分配	3.6	
配平操作	3.8	
俯仰姿态和功率	3.12	
起飞后发动机失效（单发）	15.5	
生理和心理因素——压力		1.9
医学因素		1.10
配平		2.6
电子飞行显示仪表飞行学习方法		5.2
姿态仪表飞行的基本技能		5.3
小速度飞行	4.2	

训练内容

科目	标准	评分
本场		
●起飞	2	
●离场和爬升	2	
●小速度飞行	2	
●无功率失速	2	
●带功率失速	2	
●大坡度盘旋	2	
●下降和进场	2	
●起落航线	2	
●停机关车	3	
●飞行后程序	3	

FL4：空域机动动作、基本仪表动作（1:00）

项目	飞行前讲评	飞行后讲评	飞机带飞	FTD	单飞/机长
推荐时间	1:30	0:30	1:00		
总 时 间			4:00	2:00	

本课目的

本课主要是让学生熟悉空域科目和相关飞行原理，练习仪表飞行基本动作。

注：本课是为了满足在单发飞机上由授权教员提供的至少 20 小时飞行训练。

该训练至少包括：

至少 3 小时单发飞机仪表飞行训练，包括仅参考仪表进行平飞、上升、下降、转弯、从不正常姿态中改出，以及无线电通信、导航设备的使用和空中交通管制程序。

进入条件

完成 FTD2。

预习讲评内容

科目	飞机飞行指南	仪表飞行指南
失速意识	1.3.3	
滑行	2.6	
起飞前检查	2.7	
着陆后	2.8	
脱离跑道后	2.9	
四个基本飞行机动	3.1	
对飞机的感觉	3.3	
姿态飞行	3.4	
"操纵和性能"概念	3.5	
平飞转弯	3.9	
爬升和爬升转弯	3.10	
下降和下降转弯	3.11	
失速	4.3	
失速的识别	4.3.1	
失速改出基础	4.3.2	
完全失速——无功率	4.3.3.2	
交叉操纵失速	4.3.3.6	
升降舵配平失速	4.3.3.7	
起飞前准备	5.3	
正常起飞程序	5.4	
起飞中的地面效应	5.6	
参考地面的机动目的和范围	6.1	
以地面物体为参照的机动飞行	6.2	
爬升		2.8
转弯		2.9
扫视技巧		5.4
姿态仪表飞行的基本技能		5.3
常见错误		5.4
小速度飞行	4.2	

训练内容

科目	标准	评分
地面		
○飞行准备	3	
○绕机目视检查	3	
○驾驶舱预先准备	3	
○驾驶舱准备	3	
○无线电通信和 ATC 灯光信号	3	
●检查单的使用	3	
●开车和试车	3	
●滑行	3	
●避让和防撞	3	
○起飞前检查	3	
本场		
●起飞	3	
●离场和爬升	3	
●直线平飞	2	
●小速度飞行	2	
●无功率失速	2	
●带功率失速	2	
●大坡度盘旋	2	
●参考仪表飞行	2	
●下降和进场	2	
●起落航线	2	
●停机关车	3	
●飞行后程序	3	

FL5: 起落航线（1:00）

项目	飞行前讲评	飞行后讲评	飞机带飞	FTD	单飞/机长
推荐时间	1:30	0:30	1:00		
总 时 间			5:00	2:00	

本课目的
本课主要是让学生熟悉起落航线，练习飞行基本动作。

进入条件
完成相应的地面课。

预习讲评内容

科目	飞机飞行指南	仪表飞行指南
着陆后	2.8	
脱离跑道后	2.9	
操纵装置的使用和效果	3.2	
内外结合的注意力分配	3.6	
配平操作	3.8	
起飞前准备	5.3	
正常起飞程序	5.4	
起飞中的地面效应	5.6	
机场起落航线及其运行	7.1	
矩形起落航线	7.2	
标准起落航线	7.3	
大气		2.3
升力		2.4
配平		2.6
电子飞行显示仪表飞行学习方法		5.2
直线爬升和下降		7.3
转弯		7.4
复飞	8.3	

训练内容

科目	标准	评分
地面		
○飞行准备	3	
○绕机目视检查	3	
○驾驶舱预先准备	3	
○驾驶舱准备	3	
○无线电通信和ATC灯光信号	3	
○ATIS的使用	3	
●检查单的使用	3	
●开车和试车	3	
●滑行	3	
●正确交接飞行操纵	3	
●避让和防撞	3	
○起飞前检查	3	
本场		
●起落航线	2	
●正常和侧风条件下的起飞和爬升	2	
●目视观察和防撞	2	
●正常和侧风条件下的进近和着陆	2	
●复飞/中断着陆	2	
●停机关车	3	
●飞行后程序	3	

FL6：起落航线（1:00）

项目	飞行前讲评	飞行后讲评	飞机带飞	FTD	单飞/机长
推荐时间	1:30	0:30	1:00		
总 时 间			6:00	2:00	

本课目的
　　本课主要是让学生熟悉起落航线，练习飞行基本动作，着陆偏差修正。

进入条件
　　完成相应的地面课。

预习讲评内容

科目	飞机飞行指南	仪表飞行指南
地面运行	2.3	
发动机启动	2.4	
停机	2.10	
关车	2.11	
飞行后	2.12	
固定和维护	2.13	
对飞机的感觉	3.3	
姿态飞行	3.4	
内外结合的注意力分配	3.6	
侧风起飞	5.5	
机场起落航线及其运行	7.1	
矩形起落航线	7.2	
标准起落航线	7.3	
正常进近与着陆	8.1	
五边下滑线低	8.10.1	
五边下滑线高	8.10.2	
五边进近速度小	8.10.3	
油门的使用	8.10.4	
拉平高	8.10.5	
拉平太晚或太快	8.10.6	
拉平过程中平飘	8.10.7	
拉平时拉飘	8.10.8	
起飞后发动机失效（单发）	15.5	

训练内容

科目		标准	评分
地面			
	○飞行准备	4	
	○绕机目视检查	4	
	○驾驶舱预先准备	4	
	○驾驶舱准备	4	
	○无线电通信和ATC灯光信号	4	
	●检查单的使用	4	
	●开车和试车	4	
	●滑行	4	
	●避让和防撞	3	
	○机场跑道、滑行道的标志和灯光	3	
	○起飞前检查	4	
本场			
	●起落航线	2	
	●正常和侧风条件下的起飞和爬升	3	
	●目视观察和防撞	4	
	●正常和侧风条件下的进近和着陆	2	
	●复飞/中断着陆	2	
	●着陆偏差	2	
	●停机关车	3	
	●飞行后程序	4	

FL7：起落航线（1:00）

项目	飞行前讲评	飞行后讲评	飞机带飞	FTD	单飞/机长
推荐时间	1:30	0:30	1:00		
总 时 间			7:00	2:00	

本课目的

本课主要是让学生熟悉起落航线，练习飞行基本动作。

进入条件

完成相应的地面课。

预习讲评内容

科目	飞机飞行指南	仪表飞行指南
地面运行	2.3	
发动机启动	2.4	
停机	2.10	
关车	2.11	
飞行后	2.12	
固定和维护	2.13	
对飞机的感觉	3.3	
姿态飞行	3.4	
内外结合的注意力分配	3.6	
侧风起飞	5.5	
机场起落航线及其运行	7.1	
矩形起落航线	7.2	
标准起落航线	7.3	
正常进近与着陆	8.1	
五边下滑线低	8.10.1	
五边下滑线高	8.10.2	
五边进近速度小	8.10.3	
油门的使用	8.10.4	
拉平高	8.10.5	
拉平太晚或太快	8.10.6	
拉平过程中平飘	8.10.7	
拉平时拉飘	8.10.8	
起飞后发动机失效（单发）	15.5	

训练内容

科目	标准	评分
地面		
○飞行准备	4	
○绕机目视检查	4	
○驾驶舱预先准备	4	
○驾驶舱准备	4	
○无线电通信和 ATC 灯光信号	4	
●检查单的使用	4	
●开车和试车	4	
●滑行	4	
●避让和防撞	3	
○起飞前检查	4	
本场		
●起落航线	3	
●正常和侧风条件下的起飞和爬升	3	
●目视观察和防撞	3	
●正常和侧风条件下的进近和着陆	3	
●复飞/中断着陆	3	
●着陆偏差	2	
●停机关车	4	
●飞行后程序	4	

FL8：起落航线（1:00）

项目	飞行前讲评	飞行后讲评	飞机带飞	FTD	单飞/机长
推荐时间	1:30	0:30	1:00		
总 时 间			8:00	2:00	

本课目的
　　本课主要是让学生熟悉起落航线，练习飞行基本动作。

进入条件
　　完成相应的地面课。

预习讲评内容

科目	飞机飞行指南	仪表飞行指南
着陆后	2.8	
脱离跑道后	2.9	
操纵装置的使用和效果	3.2	
内外结合的注意力分配	3.6	
配平操作	3.8	
起飞前准备	5.3	
正常起飞程序	5.4	
起飞中的地面效应	5.6	
机场起落航线及其运行	7.1	
矩形起落航线	7.2	
标准起落航线	7.3	
大气		2.3
升力		2.4
配平		2.6
电子飞行显示仪表飞行学习方法		5.2
直线爬升和下降		7.3
转弯		7.4

训练内容

科目	标准	评分
地面		
〇飞行准备	4	
〇绕机目视检查	4	
〇驾驶舱预先准备	4	
〇驾驶舱准备	4	
〇无线电通信和ATC灯光信号	4	
●检查单的使用	4	
●开车和试车	4	
●滑行	4	
●避让和防撞	3	
〇起飞前检查	4	
本场		
●起落航线	3	
●正常和侧风条件下的起飞和爬升	3	
●目视观察和防撞	3	
●正常和侧风条件下的进近和着陆	3	
●复飞/中断着陆	3	
●停机关车	4	
●飞行后程序	4	

FL9：起落航线（1:00）

项目	飞行前讲评	飞行后讲评	飞机带飞	FTD	单飞/机长
推荐时间	1:30	0:30	1:00		
总 时 间			9:00	2:00	

本课目的
　　本课主要是让学生熟悉起落航线，练习飞行基本动作。

进入条件
　　完成相应的地面课。

预习讲评内容

科目	飞机飞行指南	仪表飞行指南
飞行后	2.12	
固定和维护	2.13	
内外结合的注意力分配	3.6	
配平操作	3.8	
俯仰姿态和功率	3.12	
侧风起飞	5.5	
机场起落航线及其运行	7.1	
矩形起落航线	7.2	
标准起落航线	7.3	
正常进近与着陆	8.1	
复飞（终止着陆）	8.3	
地面效应	8.3.4	
侧风进近与着陆	8.4	
无功率精确进近	8.8	
假设迫降	8.9	
五边下滑线低	8.10.1	
五边下滑线高	8.10.2	
五边进近速度小	8.10.3	
油门的使用	8.10.4	
拉平高	8.10.5	
拉平太晚或太快	8.10.6	
拉平过程中平飘	8.10.7	
拉平时拉飘	8.10.8	
配平		2.6

训练内容

科目	标准	评分
地面		
○飞行准备	4	
○绕机目视检查	4	
○驾驶舱预先准备	4	
○驾驶舱准备	4	
○无线电通信和 ATC 灯光信号	4	
○ ATIS 的使用	4	
●检查单的使用	4	
●开车和试车	4	
●滑行	4	
●避让和防撞	3	
○起飞前检查	4	
本场		
●起落航线	3	
●正常和侧风条件下的起飞和爬升	3	
●假设迫降	2	
●目视观察和防撞	3	
●正常和侧风条件下的进近和着陆	3	
●侧滑法着陆	2	
●复飞/中断着陆	2	
●着陆偏差	2	
●停机关车	4	
●飞行后程序	4	

FL10：起落航线（1:00）

项目	飞行前讲评	飞行后讲评	飞机带飞	FTD	单飞/机长
推荐时间	1:30	0:30	1:00		
总 时 间			10:00	2:00	

本课目的
本课主要是让学生熟悉起落航线，练习飞行基本动作。

进入条件
完成相应的地面课。

预习讲评内容

科目	飞机飞行指南	仪表飞行指南
飞行后	2.12	
固定和维护	2.13	
内外结合的注意力分配	3.6	
配平操作	3.8	
俯仰姿态和功率	3.12	
侧风起飞	5.5	
机场起落航线及其运行	7.1	
矩形起落航线	7.2	
标准起落航线	7.3	
正常进近与着陆	8.1	
复飞（终止着陆）	8.3	
地面效应	8.3.4	
侧风进近与着陆	8.4	
无功率精确进近	8.8	
假设迫降	8.9	
五边下滑线低	8.10.1	
五边下滑线高	8.10.2	
五边进近速度小	8.10.3	
油门的使用	8.10.4	
拉平高	8.10.5	
拉平太晚或太快	8.10.6	
拉平过程中平飘	8.10.7	
拉平时拉飘	8.10.8	
配平		2.6

训练内容

科目	标准	评分
地面		
○飞行准备	4	
○绕机目视检查	4	
○驾驶舱预先准备	4	
○驾驶舱准备	4	
○无线电通信和ATC灯光信号	4	
●检查单的使用	4	
●开车和试车	4	
●滑行	4	
●避让和防撞	4	
○起飞前检查	4	
本场		
●起落航线	3	
●正常和侧风条件下的起飞和爬升	3	
●目视观察和防撞	3	
●正常和侧风条件下的进近和着陆	3	
●侧滑法着陆	2	
●复飞/中断着陆	3	
●着陆偏差	2	
●低空风切变预防	2	
●停机关车	4	
●飞行后程序	4	
应急操作		
●假设迫降	2	

FL11：起落航线、空域动作复习（1:30）

项目	飞行前讲评	飞行后讲评	飞机带飞	FTD	单飞/机长
推荐时间	1:30	0:30	1:30		
总 时 间			11:30	2:00	

本课目的

本课主要是让学生复习起落航线和空域机动科目，针对学生不同的情况进行筛选前的训练。

进入条件

完成相应的地面课。

预习讲评内容

科目	飞机飞行指南	仪表飞行指南
失速意识	1.3.3	
着陆后	2.8	
脱离跑道后	2.9	
完全失速——无功率	4.3.3.2	
完全失速——带功率	4.3.3.3	
起飞中的地面效应	5.6	
中断起飞/引擎失效	5.9	
以地面物体为参照的机动飞行	6.2	
矩形航线	6.4	
围绕地标转弯	6.6	
有意侧滑	8.2	
侧风进近与着陆	8.4	
大坡度盘旋	9.1	
小速度飞行	4.2	

训练内容

科目	标准	评分
地面		
○飞行准备	4	
○绕机目视检查	4	
○驾驶舱预先准备	4	
○驾驶舱准备	4	
○无线电通信和 ATC 灯光信号	4	
○ATIS 的使用	4	
○机场跑道、滑行道的标志和灯光	4	
●检查单的使用	4	
●开车和试车	4	
●滑行	4	
●避让和防撞	4	
○起飞前检查	4	
本场		
●起飞	4	
●离场和爬升	4	
●小速度飞行	3	
●无功率失速	3	
●带功率失速	3	
●大坡度盘旋	3	
●下降和进场	3	
●起落航线	3	
●目视观察和防撞	3	
●正常和侧风条件下的进近和着陆	3	
●复飞/中断着陆	3	
●着陆偏差	2	
●低空风切变预防	2	
●停机关车	4	
●飞行后程序	4	

FL12: 筛选（1:30）

项目	飞行前讲评	飞行后讲评	飞机带飞	FTD	单飞/机长
推荐时间	1:30	0:30	1:30		
总 时 间			13:00	2:00	

本课目的
　　本课主要是由主任（助理主任）教员或者检查教员对学生飞行的基本驾驶术进行评估，以决定该学生是否继续以后的飞行训练。

进入条件
　　完成本阶段所有的课程。

训练内容
　　参见筛选检查工作单。

本场及转场单飞阶段

阶段目的

本阶段学生将巩固前一阶段训练的内容，达到能起落和空域单飞的水平，学习短/松软跑道起飞着陆及转场飞行，学习参照仪表控制飞机状态，掌握地标罗盘领航和无线电领航，具备在空域中安全飞行的能力。在此基础上，学生将扩大VFR转场飞行和夜航飞行的知识面，掌握VFR转场单飞的必备技能，能够在夜航和夜航转场飞行中安全地操控飞机。阶段结束后，学生能顺利通过私照实践考试。

完成标准

学生完成本场起落和空域单飞，具备独立计划和实施转场飞行的能力，掌握短/软跑道起飞着陆，所完成的各项科目均达到私人驾驶员实践考试标准要求的水平。学生能够熟练制订VFR转场飞行计划、准确地掌握和正确运用推测领航和无线电领航等领航术，能够安全实施夜航飞行。

此页有意留白

FL13：本场带飞（1:00）

项目	飞行前讲评	飞行后讲评	飞机带飞	FTD	单飞/机长
推荐时间	1:30	0:30	1:00		
总 时 间			14:00	2:00	

本课目的
　　本课主要是让学生复习起落航线科目。

进入条件
　　完成相应的地面课。

预习讲评内容

科目	飞机飞行指南	仪表飞行指南
俯仰姿态和功率	3.12	
中断起飞/引擎失效	5.9	
偏流和地面航迹控制	6.3	
正常进近与着陆	8.1	
有意侧滑	8.2	
地面效应	8.3.4	
侧风进近与着陆	8.4	
接地时飞机跳跃	8.10.9	
海豚跳	8.10.10	
推小车	8.10.11	
重着陆	8.10.12	
偏移中接地	8.10.13	
打地转	8.10.14	
接地后机翼上偏	8.10.15	
飞行中舱门意外开启	15.12	
目视飞行时无意进入仪表气象条件	15.13	
驾驶舱资源管理		1.14

训练内容

科目	标准	评分
地面		
○飞行准备	4	
○绕机目视检查	4	
○驾驶舱预先准备	4	
○驾驶舱准备	4	
○无线电通信和ATC灯光信号	4	
●检查单的使用	4	
●开车和试车	4	
●滑行	4	
●避让和防撞	4	
○起飞简述	4	
○起飞前检查	4	
本场		
●起落航线	3	
●正常和侧风条件下的起飞和爬升	3	
●目视观察和防撞	3	
●正常和侧风条件下的进近和着陆	3	
●复飞/中断着陆	3	
●着陆偏差	2	
●侧滑法着陆	2	
●停机关车	4	
●飞行后程序	4	
应急操作		
●襟翼故障	2	
○无线电设备故障	2	

FL14：本场带飞（1:00）

项目	飞行前讲评	飞行后讲评	飞机带飞	FTD	单飞/机长
推荐时间	1:30	0:30	1:00		
总 时 间			15:00	2:00	

本课目的
本课主要是让学生复习起落航线科目。

进入条件
完成相应的地面课。

预习讲评内容

科目	飞机飞行指南	仪表飞行指南
完全失速——带功率	4.3.3.3	
中断起飞/引擎失效	5.9	
偏流和地面航迹控制	6.3	
正常进近与着陆	8.1	
有意侧滑	8.2	
复飞（终止着陆）	8.3	
湍流中的进近与着陆	8.5	
接地时飞机跳跃	8.10.9	
海豚跳	8.10.10	
推小车	8.10.11	
重着陆	8.10.12	
偏移中接地	8.10.13	
打地转	8.10.14	
接地后机翼上偏	8.10.15	
起飞后发动机失效（单发）	15.5	

训练内容

科目	标准	评分
地面		
○飞行准备	4	
○绕机目视检查	4	
○驾驶舱预先准备	4	
○驾驶舱准备	4	
○无线电通信和ATC灯光信号	4	
●检查单的使用	4	
●开车和试车	4	
●滑行	4	
●避让和防撞	4	
○起飞前检查	4	
本场		
●起落航线	3	
●正常和侧风条件下的起飞和爬升	3	
●目视观察和防撞	4	
●正常和侧风条件下的进近和着陆	4	
●复飞/中断着陆	3	
●着陆偏差	2	
●侧滑法着陆	2	
●停机关车	4	
●飞行后程序	4	

FL15: 本场带飞（1:00）

项目	飞行前讲评	飞行后讲评	飞机带飞	FTD	单飞/机长
推荐时间	1:30	0:30	1:00		
总 时 间			16:00	2:00	

本课目的
本课主要是让学生复习起落航线科目。

进入条件
完成相应的地面课。

预习讲评内容

科目	飞机飞行指南	仪表飞行指南
失速意识	1.3.3	
俯仰姿态和功率	3.12	
中断起飞/引擎失效	5.9	
偏流和地面航迹控制	6.3	
正常进近与着陆	8.1	
有意侧滑	8.2	
地面效应	8.3.4	
侧风进近与着陆	8.4	
接地时飞机跳跃	8.10.9	
海豚跳	8.10.10	
推小车	8.10.11	
重着陆	8.10.12	
偏移中接地	8.10.13	
打地转	8.10.14	
接地后机翼上偏	8.10.15	
飞行中舱门意外开启	15.12	
目视飞行时无意进入仪表气象条件	15.13	
驾驶舱资源管理		1.14
系统故障	15.10	
飞机系统失效		12.3

训练内容

科目	标准	评分
地面		
○飞行准备	4	
○绕机目视检查	4	
○驾驶舱预先准备	4	
○驾驶舱准备	4	
○无线电通信和 ATC 灯光信号	4	
●检查单的使用	4	
●开车和试车	4	
●滑行	4	
●避让和防撞	4	
○起飞前检查	4	
本场		
●起落航线	3	
●正常和侧风条件下的起飞和爬升	3	
●目视观察和防撞	4	
●正常和侧风条件下的进近和着陆	4	
●复飞/中断着陆	3	
●着陆偏差	3	
●侧滑法着陆	3	
●停机关车	4	
●飞行后程序	4	

FL16：本场带飞（1:00）

项目	飞行前讲评	飞行后讲评	飞机带飞	FTD	单飞/机长
推荐时间	1:30	0:30	1:00		
总 时 间			17:00	2:00	

本课目的
　　本课主要是让学生复习起落航线。

进入条件
　　完成相应的地面课。

预习讲评内容

科目	飞机飞行指南	仪表飞行指南
完全失速——无功率	4.3.3.2	
中断起飞/引擎失效	5.9	
偏流和地面航迹控制	6.3	
正常进近与着陆	8.1	
有意侧滑	8.2	
复飞（终止着陆）	8.3	
湍流中的进近与着陆	8.5	

训练内容

科目	标准	评分
地面		
○飞行准备	4	
○绕机目视检查	4	
○驾驶舱预先准备	4	
○驾驶舱准备	4	
○无线电通信和ATC灯光信号	4	
●检查单的使用	4	
●开车和试车	4	
●滑行	4	
●避让和防撞	4	
○起飞前检查	4	
本场		
●起落航线	3	
●正常和侧风条件下的起飞和爬升	3	
●目视观察和防撞	4	
●正常和侧风条件下的进近和着陆	3	
●复飞/中断着陆	3	
●着陆偏差	3	
●侧滑法着陆	3	
●小航线	2	
●停机关车	4	
●飞行后程序	4	
应急操作		
●假设迫降	3	

FL17：本场带飞（1:00）

项目	飞行前讲评	飞行后讲评	飞机带飞	FTD	单飞/机长
推荐时间	1:30	0:30	1:00		
总 时 间			18:00	2:00	

本课目的
本课主要是让学生复习起落航线科目。

进入条件
完成相应的地面课。

预习讲评内容

科目	飞机飞行指南	仪表飞行指南
中断起飞/引擎失效	5.9	
偏流和地面航迹控制	6.3	
正常进近与着陆	8.1	
有意侧滑	8.2	
复飞（终止着陆）	8.3	
湍流中的进近与着陆	8.5	
接地时飞机跳跃	8.10.9	
海豚跳	8.10.10	
推小车	8.10.11	
重着陆	8.10.12	
偏移中接地	8.10.13	
打地转	8.10.14	
接地后机翼上偏	8.10.15	
系统故障	15.10	

训练内容

科目	标准	评分
地面		
○飞行准备	4	
○绕机目视检查	4	
○驾驶舱预先准备	4	
○驾驶舱准备	4	
○无线电通信和ATC灯光信号	4	
●检查单的使用	4	
●开车和试车	4	
●滑行	4	
●避让和防撞	4	
○起飞前检查	4	
本场		
●起落航线	4	
●正常和侧风条件下的起飞和爬升	4	
●目视观察和防撞	4	
●正常和侧风条件下的进近和着陆	4	
●复飞/中断着陆	3	
●着陆偏差	3	
●侧滑法着陆	3	
●停机关车	4	
●飞行后程序	4	
应急操作		
●紧急进近和着陆（模拟）	2	

FTD3: 应急操作（2:00）

项目	飞行前讲评	飞行后讲评	飞机带飞	FTD	单飞/机长
推荐时间	1:30	0:30		2:00	
总 时 间			18:00	4:00	

本课目的
  本课主要是让学生练习应急操作程序。

进入条件
  完成相应的地面课。

预习讲评内容

科目	飞机飞行指南	仪表飞行指南
无功率精确进近	8.8	
假设迫降	8.9	
紧急情况	15.1	
紧急着陆	15.2	
基本安全理念	15.3	
地形种类	15.4	
起飞后发动机失效（单发）	15.5	
紧急下降	15.6	
飞行中起火	15.7	
飞行操纵机构故障/失效	15.8	
系统故障	15.10	
发动机仪表指示异常	15.11	
积冰		2.11
积冰类型		2.12
飞机系统失效		12.3

训练内容

科目	标准	评分
应急操作		
●飞机表面和动力装置结冰	3	
●模拟起飞后发动机失效	3	
●无线电设备故障	3	
●系统和设备故障	2	
●应急和救生设备	3	
●紧急进近和着陆	3	
●飞行中模拟发动机失火	3	

FL18：应急操作（1:30）

项目	飞行前讲评	飞行后讲评	飞机带飞	FTD	单飞/机长
推荐时间	1:30	0:30	1:30		
总 时 间			19:30	4:00	

本课目的
本课主要是让学生练习应急操作程序。

进入条件
完成相应的地面课。

预习讲评内容

科目	飞机飞行指南	仪表飞行指南
无功率精确进近	8.8	
假设迫降	8.9	
紧急情况	15.1	
紧急着陆	15.2	
基本安全理念	15.3	
地形种类	15.4	
起飞后发动机失效（单发）	15.5	
紧急下降	15.6	
飞行中起火	15.7	
飞行操纵机构故障/失效	15.8	
系统故障	15.10	
发动机仪表指示异常	15.11	
飞机系统失效		12.3

训练内容

科目	标准	评分
地面		
○飞行准备	4	
○绕机目视检查	4	
○驾驶舱预先准备	4	
○驾驶舱准备	4	
○无线电通信和 ATC 灯光信号	4	
●检查单的使用	4	
●开车和试车	4	
●滑行	4	
●避让和防撞	4	
○起飞前检查	4	
本场		
●小航线	3	
应急操作		
●模拟起飞后发动机失效	3	
○无线电设备故障	3	
●系统和设备故障	3	
○应急和救生设备	3	
●紧急进近和着陆（模拟）	3	

FL19: 本场带飞（1:30）

项目	飞行前讲评	飞行后讲评	飞机带飞	FTD	单飞/机长
推荐时间	1:30	0:30	1:30		
总 时 间			21:00	4:00	

本课目的
　　本课主要是让学生复习起落航线及应急程序，为单飞做准备。

进入条件
　　完成相应的地面课。

预习讲评内容

科目	飞机飞行指南	仪表飞行指南
侧风起飞	5.5	
湍流中的进近与着陆	8.5	
短跑道进近与着陆	8.6	
大坡度盘旋	9.1	
驾驶舱资源管理		1.14
航空决策（ADM）		1.16
采用先进技术的系统		3.12
系统故障	15.10	
飞机系统失效		12.3

训练内容

科目	标准	评分
地面		
○飞行准备	4	
○绕机目视检查	4	
○驾驶舱预先准备	4	
○驾驶舱准备	4	
○无线电通信和 ATC 灯光信号	4	
●检查单的使用	4	
●开车和试车	4	
●滑行	4	
●避让和防撞	4	
○起飞前检查	4	
本场		
●起落航线	4	
●正常和侧风条件下的起飞和爬升	4	
●进近速度飞行	4	
●目视观察和防撞	4	
●正常和侧风条件下的进近和着陆	4	
●复飞/中断着陆	4	
●着陆偏差	4	
●侧滑法着陆	4	
●小航线	3	
●停机关车	4	
●飞行后程序	4	
应急操作		
●襟翼故障	3	
●紧急进近和着陆（模拟）	3	

FL20：单飞前检查、首次单飞（1:00）

项目	飞行前讲评	飞行后讲评	飞机带飞	FTD	单飞/机长
推荐时间	1:30	0:30	0:30		0:30
总 时 间			21:30	4:00	0:30

本课目的

　　本课是学生单飞前检查，并完成学生的首次单飞。

　　注：本课是为了满足 10 小时单发飞机单飞训练。

　　该训练至少包括：

　　5 小时转场单飞训练；

　　一次总距离至少为 270 千米（150 海里）的转场单飞，在至少两个着陆点进行全停着陆，其中一个航段的起飞和着陆地点之间的直线距离至少为 90 千米（50 海里）；

　　在具有飞行管制塔台的机场作 3 次起飞和 3 次全停着陆。

进入条件

　　达到首次单飞的标准。

预习讲评内容

科目	飞机飞行指南	仪表飞行指南
相关法规	1.2	
驾驶舱管理	2.2	
地面运行	2.3	
起飞前检查	2.7	
着陆后	2.8	
脱离跑道后	2.9	
四个基本飞行机动	3.1	
起飞前准备	5.3	
正常起飞程序	5.4	
起飞中的地面效应	5.6	
进近与着陆中的偏差	8.10	

训练内容

科目	标准	评分
地面		
〇飞行准备	4	
〇绕机目视检查	4	
〇驾驶舱预先准备	4	
〇驾驶舱准备	4	
〇ATIS 的使用	4	
〇无线电通信和 ATC 灯光信号	4	
●检查单的使用	4	
●开车和试车	4	
●滑行	4	
●避让和防撞	4	
〇机场跑道、滑行道的标志和灯光	4	
〇起飞前检查	4	
〇防止跑道入侵	4	
本场		
●起落航线	4	
●正常和侧风条件下的起飞和爬升	4	
●目视观察和防撞	4	
●正常和侧风条件下的进近和着陆	4	
●停机关车	4	
●飞行后程序	4	

FTD4：空域机动科目（2:00）

项目	飞行前讲评	飞行后讲评	飞机带飞	FTD	单飞/机长
推荐时间	1:30	0:30		2:00	
总 时 间			21:30	6:00	0:30

本课目的
　　本课主要是让学生复习空域机动科目。

进入条件
　　完成相应的地面课。

预习讲评内容

科目	飞机飞行指南	仪表飞行指南
失速意识	1.3.3	
着陆后	2.8	
脱离跑道后	2.9	
完全失速——无功率	4.3.3.2	
完全失速——带功率	4.3.3.3	
起飞中的地面效应	5.6	
中断起飞/引擎失效	5.9	
以地面物体为参照的机动飞行	6.2	
矩形航线	6.4	
围绕地标转弯	6.6	
有意侧滑	8.2	
侧风进近与着陆	8.4	
大坡度盘旋	9.1	
小速度飞行	4.2	

训练内容

科目	标准	评分
本场		
●起飞	4	
●离场和爬升	4	
●小速度飞行	3	
●无功率失速	3	
●带功率失速	3	
●大坡度盘旋	3	
●急盘旋下降	3	
●紧急下降	2	
●下降和进场	3	
●起落航线	4	
●正常和侧风条件下的进近和着陆	4	
●复飞/中断着陆	4	

FL21：本场带飞（1:30）

项目	飞行前讲评	飞行后讲评	飞机带飞	FTD	单飞/机长
推荐时间	1:30	0:30	1:30		
总 时 间			23:00	6:00	0:30

本课目的

本课主要是完成空域科目及基本仪表的训练。

注：本课是为了满足在单发飞机上由授权教员提供的至少 20 小时飞行训练。

该训练至少包括：

至少 3 小时单发飞机仪表飞行训练，包括仅参考仪表进行平飞、上升、下降、转弯、从不正常姿态中改出，以及无线电通信、导航设备的使用和空中交通管制程序。

进入条件

完成相应的地面课。

预习讲评内容

科目	飞机飞行指南	仪表飞行指南
冲突避免程序	1.3.1	
短跑道起飞和最大性能爬升	5.7	
在松软/粗糙场地起飞和爬升	5.8	
湍流中的进近与着陆	8.5	
短跑道进近与着陆	8.6	
软跑道的进近与着陆	8.7	
进近与着陆中的偏差	8.10	
任务管理		1.15
复杂状态预防与改出	4.4	
S 形转弯	6.5	
矩形航线	6.4	
围绕地标转弯	6.6	

训练内容

科目	标准	评分
地面		
○飞行准备	4	
○绕机目视检查	4	
○驾驶舱预先准备	4	
○驾驶舱准备	4	
○无线电通信和 ATC 灯光信号	4	
●检查单的使用	4	
●开车和试车	4	
●滑行	4	
●避让和防撞	4	
○起飞前检查	4	
○防止跑道入侵	4	
本场		
●松软跑道起飞和上升	2	
●短跑道起飞和最佳性能爬升	2	
●小速度飞行	3	
●带功率失速	3	
●大坡度盘旋	3	
●S 形转弯	2	
●围绕地标转弯	2	
●参照仪表飞行	2	
●下降和进场	3	
●松软跑道进近和着陆	2	
●短跑道进近和着陆	2	
应急操作		
●急盘旋下降	3	
●紧急下降	2	

FL22：本场带飞（1:30）

项目	飞行前讲评	飞行后讲评	飞机带飞	FTD	单飞/机长
推荐时间	1:30	0:30	1:30		
总 时 间			24:30	6:00	0:30

本课目的

本课主要是完成空域科目及基本仪表的训练。

注：本课是为了满足在单发飞机上由授权教员提供的至少 20 小时飞行训练。

该训练至少包括：

至少 3 小时单发飞机仪表飞行训练，包括仅参考仪表进行平飞、上升、下降、转弯、从不正常姿态中改出，以及无线电通信、导航设备的使用和空中交通管制程序。

进入条件

完成相应的地面课。

预习讲评内容

科目	飞机飞行指南	仪表飞行指南
侧风起飞	5.5	
短跑道起飞和最大性能爬升	5.7	
在松软/粗糙场地起飞和爬升	5.8	
湍流中的进近与着陆	8.5	
短跑道进近与着陆	8.6	
软跑道的进近与着陆	8.7	
进近与着陆中的偏差	8.10	
大坡度盘旋	9.1	
驾驶舱资源管理		1.14
航空决策（ADM）		1.16
采用先进技术的系统		3.12
无方向无线电信标台（NDB）		9.3.1
甚高频全向信标台（VOR）		9.3.2
测距仪（DME）		9.3.3
矩形航线	6.4	
S 形转弯	6.5	
围绕地标转弯	6.6	
复杂状态预防与改出	4.4	

训练内容

科目	标准	评分
地面		
○飞行准备	4	
○绕机目视检查	4	
○驾驶舱预先准备	4	
○驾驶舱准备	4	
○无线电通信和 ATC 灯光信号	4	
●检查单的使用	4	
●开车和试车	4	
●滑行	4	
●避让和防撞	4	
○起飞前检查	4	
○防止跑道入侵	4	
本场		
●松软跑道起飞和上升	3	
●短跑道起飞和最佳性能爬升	3	
●导航设备使用	2	
●大坡度盘旋	4	
●S 形转弯	3	
●围绕地标转弯	3	
●参照仪表飞行	3	
●不正常姿态改出	2	
●下降和进场	4	
●松软跑道进近和着陆	3	
●短跑道进近和着陆	3	

FL23：本场带飞（1:30）

项目	飞行前讲评	飞行后讲评	飞机带飞	FTD	单飞/机长
推荐时间	1:30	0:30	1:30		
总 时 间			26:00	6:00	0:30

本课目的

本课主要是完成空域科目及基本仪表的训练。

注：本课是为了满足在单发飞机上由授权教员提供的至少 20 小时飞行训练。

该训练至少包括：

至少 3 小时单发飞机仪表飞行训练，包括仅参考仪表进行平飞、上升、下降、转弯、从不正常姿态中改出，以及无线电通信、导航设备的使用和空中交通管制程序。

进入条件

完成相应的地面课。

预习讲评内容

科目	飞机飞行指南	仪表飞行指南
侧风起飞	5.5	
短跑道起飞和最大性能爬升	5.7	
在松软/粗糙场地起飞和爬升	5.8	
湍流中的进近与着陆	8.5	
短跑道进近与着陆	8.6	
软跑道的进近与着陆	8.7	
进近与着陆中的偏差	8.10	
大坡度盘旋	9.1	
驾驶舱资源管理		1.14
航空决策（ADM）		1.16
采用先进技术的系统		3.12
甚高频全向信标台（VOR）		9.3.2
测距仪（DME）		9.3.3
矩形航线	6.4	
S 形转弯	6.5	
围绕地标转弯	6.6	
紧急下降	15.6	
紧急情况	15.1	
紧急着陆	15.2	

训练内容

科目	标准	评分
地面		
○飞行准备	4	
○绕机目视检查	4	
○驾驶舱预先准备	4	
○驾驶舱准备	4	
○无线电通信和 ATC 灯光信号	4	
●检查单的使用	4	
●开车和试车	4	
●滑行	4	
●避让和防撞	4	
○起飞前检查	4	
○防止跑道入侵	4	
本场		
●松软跑道起飞和上升	4	
●短跑道起飞和最佳性能爬升	4	
●导航设备使用	3	
●小速度飞行	4	
●无功率失速	4	
●带功率失速	4	
●不正常姿态改出	4	
●大坡度盘旋	4	
●S 形转弯	4	
●围绕地标转弯	4	
●参照仪表飞行	4	
●下降和进场	4	
●松软跑道进近和着陆	4	
●短跑道进近和着陆	4	
应急操作		
●紧急进近和着陆（模拟）	4	
●紧急下降	3	

FL24：夜间本场带飞（1:30）

项目	飞行前讲评	飞行后讲评	飞机带飞	FTD	单飞/机长
推荐时间	1:30	0:30	1:30		
总 时 间			27:30	6:00	0:30

本课目的

本课主要是了解夜间飞行操纵和在夜间飞行的注意事项，以及学习夜航操纵和应急操作。

注：本课是为了满足在单发飞机上由授权教员提供的至少 20 小时飞行训练。

该训练至少包括：

3 小时单发飞机夜间飞行训练，包括 10 次起飞和着陆，以及一次总飞行距离超过 180 千米（100 海里）的转场飞行。

进入条件

完成相应的地面课。

预习讲评内容

科目	飞机飞行指南	仪表飞行指南
飞行前检查	2.1	
停机	2.10	
关车	2.11	
飞行后	2.12	
固定和维护	2.13	
机场起落航线及其运行	7.1	
矩形起落航线	7.2	
标准起落航线	7.3	
正常进近与着陆	8.1	
夜间视觉	10.1	
夜间错觉	10.2	
飞行员装备	10.3	
飞机设备与照明	10.4	
机场和导航灯光助航系统	10.5	
飞行前准备	10.6	
起动、滑行和暖机试车	10.7	
起飞和爬升	10.8	
定向和导航	10.9	
进近和着陆	10.10	
夜间应急情况	10.11	

训练内容

科目	标准	评分
地面		
○航空医学因素	3	
○飞机灯光系统	3	
○机场跑道、滑行道的标志和灯光	4	
○飞行准备	4	
○绕机目视检查	4	
○驾驶舱预先准备	4	
○驾驶舱准备	4	
○无线电通信和 ATC 灯光信号	4	
●检查单的使用	4	
●开车和试车	4	
●滑行	4	
●避让和防撞	4	
○起飞前检查	4	
本场		
●起落航线	4	
●正常和侧风条件下的起飞和爬升	4	
●目视观察和防撞	4	
●正常和侧风条件下的进近和着陆	4	
●停机关车	4	
●飞行后程序	4	
夜间飞行		
○个人应携带设备	3	
●夜间方位概念，领航和航图阅读技巧	3	
●夜间安全预想和特情处置	2	
○夜间飞行生理学	2	

FL25：起落单飞（2:00）

项目	飞行前讲评	飞行后讲评	飞机带飞	FTD	单飞/机长
推荐时间	1:30	0:30			2:00
总 时 间			27:30	6:00	2:30

本课目的

本课是学生的第二次单飞，主要是巩固学生的起落航线飞行技术。

注：本课是为了满足 10 小时单发飞机单飞训练。

该训练至少包括：

5 小时转场单飞训练；

一次总距离至少为 270 千米（150 海里）的转场单飞，在至少两个着陆点进行全停着陆，其中一个航段的起飞和着陆地点之间的直线距离至少为 90 千米（50 海里）或者一次总距离至少 180 千米（100 海里）的转场单飞，在至少三个着陆点进行全停着陆，其中一个航段的起飞和着陆点之间的直线距离至少为 90 千米（50 海里）；

在具有飞行管制塔台的机场进行 3 次起飞和 3 次全停着陆。

进入条件

完成相应的地面课。

预习讲评内容

科目	飞机飞行指南	仪表飞行指南
飞行前检查	2.1	
驾驶舱管理	2.2	
偏流和地面航迹控制	6.3	
大气		2.3
飞行管理系统（FMS）		3.10
主飞行显示（PFD）		3.11
采用先进技术的系统		3.12
仪表进近系统		9.5
雷达和应答机		10.2.2

训练内容

科目	正常	不正常
地面		
○飞行准备		
○绕机目视检查		
○驾驶舱预先准备		
○驾驶舱准备		
○ATIS 的使用		
○无线电通信和ATC 灯光信号		
●检查单的使用		
●开车和试车		
●滑行		
●避让和防撞		
○起飞前检查		
○防止跑道入侵		
本场		
●起落航线		
●正常和侧风条件下的起飞和爬升		
●目视观察和防撞		
●正常和侧风条件下的进近和着陆		
●停机和关车		
●飞行后程序		

FL26：空域起落单飞（2:30）

项目	飞行前讲评	飞行后讲评	飞机带飞	FTD	单飞/机长
推荐时间	1:30	0:30			2:30
总　时　间			27:30	6:00	5:00

本课目的
　　本课是通过空域起落单飞，让学生练习空域进出港程序以及无线电通信操作，熟悉空域位置。
　　注：本课是为了满足 10 小时单发飞机单飞训练。
　　该训练至少包括：
　　5 小时转场单飞训练；
　　一次总距离至少为 270 千米（150 海里）的转场单飞，在至少两个着陆点进行全停着陆，其中一个航段的起飞和着陆地点之间的直线距离至少为 90 千米（50 海里），或者一次总距离至少 180 千米（100 海里）的转场单飞，在至少三个着陆点进行全停着陆，其中一个航段的起飞和着陆点之间的直线距离至少为 90 千米（50 海里）；
　　在具有飞行管制塔台的机场进行 3 次起飞和 3 次全停着陆。

进入条件
　　完成相应的地面课。

预习讲评内容

科目	飞机飞行指南	仪表飞行指南
冲突避免程序	1.3.1	
避免跑道入侵	1.3.2	
驾驶舱管理	2.2	
侧风起飞	5.5	
以地面物体为参照的机动飞行	6.2	
偏流和地面航迹控制	6.3	
任务管理		1.15
航空决策（ADM）		1.16

训练内容

科目	正常	不正常
地面		
○飞行准备		
○绕机目视检查		
○驾驶舱预先准备		
○驾驶舱准备		
○ATIS 的使用		
○无线电通信和 ATC 灯光信号		
●检查单的使用		
●开车和试车		
●滑行		
○机场跑道、滑行道的标志和灯光		
●避让和防撞		
○起飞前检查		
○防止跑道入侵		
本场		
●起飞		
●离场和爬升		
●下降和进场		
●空域		
●起落航线		
●停机和关车		
●飞行后程序		

FTD5：转场带飞（2:00）

项目	飞行前讲评	飞行后讲评	飞机带飞	FTD	单飞/机长
推荐时间	1:30	0:30		2:00	
总 时 间			27:30	8:00	5:00

本课目的
　　本课主要是介绍转场飞行程序，以及转场训练飞行时所要用到的正确方法。

进入条件
　　完成相应的地面课。

预习讲评内容

科目	飞机飞行指南	仪表飞行指南
避免跑道入侵	1.3.2	
驾驶舱管理	2.2	
中断起飞/引擎失效	5.9	
偏流和地面航迹控制	6.3	
紧急情况	15.1	
紧急着陆	15.2	
基本安全概念	15.3	
地形种类	15.4	
飞行中起火	15.7	
系统故障	15.10	
发动机仪表指示异常	15.11	
机组资源管理（CRM/SRM）		1.12
在ATC协助下避让恶劣天气		10.5
机场和导航灯光助航系统	10.5	
飞行前准备	10.6	
起动、滑行和暖机试车	10.7	
起飞和爬升	10.8	
定向和导航	10.9	
进近和着陆	10.10	

训练内容

科目	标准	评分
转场		
●位置意识	3	
●地标罗盘领航和推测领航	2	
●改航	2	
●下降和进场	4	
●起落航线	4	
●正常和侧风条件下的进近和着陆	4	
●停机关车	4	
●飞行后程序	4	
应急操作		
●低燃油供应	2	
●飞机表面和动力装置结冰	3	
●无线电设备故障	3	
●紧急进近和着陆	3	

FL27：转场带飞（2:00）

项目	飞行前讲评	飞行后讲评	飞机带飞	FTD	单飞/机长
推荐时间	1:30	0:30	2:00		
总 时 间			29:30	8:00	5:00

本课目的

本课主要是介绍转场飞行程序，以及转场训练飞行时所要用到的正确方法。

注：本课是为了满足在单发飞机上由授权教员提供的至少 20 小时飞行训练。

该训练至少包括：

3 小时单发飞机转场飞机训练。

进入条件

完成相应的地面课。

预习讲评内容

科目	飞机飞行指南	仪表飞行指南
复飞（终止着陆）	8.3	
视性错觉		1.7
防止出现由视性错觉造成的着陆偏差		1.8
驾驶舱资源管理		1.14
仪表进近系统		9.5

训练内容

科目		标准	评分
地面			
	○飞行准备	4	
	○绕机目视检查	4	
	○驾驶舱预先准备	4	
	○驾驶舱准备	4	
	○ATIS 的使用	4	
	○无线电通信和 ATC 灯光信号	4	
	○机场跑道、滑行道的标志和灯光	4	
	●开车和试车	4	
	●滑行	4	
	●正确交接飞机操纵	4	
	●避让和防撞	4	
	○起飞前检查	4	
转场			
	●短跑道起飞	4	
	●离场和爬升	4	
	●预防和避免相撞	3	
	●位置意识	3	
	●地标罗盘领航和推测领航	2	
	●改航	3	
	●下降和进场	3	
	●起落航线	4	
	●正常和侧风条件下的进近和着陆	4	
	●停机关车	4	
	●飞行后程序	4	

FL28：转场带飞（2:00）

项目	飞行前讲评	飞行后讲评	飞机带飞	FTD	单飞/机长
推荐时间	1:30	0:30	2:00		
总 时 间			31:30	8:00	5:00

本课目的
　　本课主要是介绍转场飞行程序，以及转场训练飞行时所要用到的正确方法。
　　注：本课是为了满足在单发飞机上由授权教员提供的至少20小时飞行训练。
　　该训练至少包括：
　　3小时单发飞机转场飞机训练。

进入条件
　　完成相应的地面课。

预习讲评内容

科目	飞机飞行指南	仪表飞行指南
复飞（终止着陆）	8.3	
视性错觉		1.7
防止出现由视性错觉造成的着陆偏差		1.8
驾驶舱资源管理		1.14
无方向无线电信标台（NDB）		9.3.1
甚高频全向信标台（VOR）		9.3.2
测距仪（DME）		9.3.3
仪表进近系统		9.5

训练内容

科目	标准	评分
地面		
○飞行准备	4	
○绕机目视检查	4	
○驾驶舱预先准备	4	
○驾驶舱准备	4	
○无线电通信和ATC灯光信号	4	
●检查单的使用	4	
●开车和试车	4	
●滑行	4	
●避让和防撞	4	
○起飞前检查	4	
转场		
●短跑道起飞	4	
●离场和爬升	4	
●预防和避免相撞	4	
●位置意识	4	
●地表罗盘领航和推测领航	3	
●导航系统和雷达服务	3	
●VOR导航	3	
●利用导航设备定位	3	
●改航	3	
●迷航处置程序	3	
●下降和进场	4	
●起落航线	4	
●停机关车	4	
●飞行后程序	4	

FL29: 夜间转场带飞（1:30）

项目	飞行前讲评	飞行后讲评	飞机带飞	FTD	单飞/机长
推荐时间	1:30	0:30	1:30		
总 时 间			33:00	8:00	5:00

本课目的

本课主要是学习和掌握夜间转场程序，包括飞行计划、领航。

注：本课是为了满足在单发飞机上由授权教员提供的至少 20 小时飞行训练。

该训练至少包括：

3 小时单发飞机转场飞机训练；

至少 3 小时单发飞机仪表飞行训练，包括仅参考仪表进行平飞、上升、下降、转弯、从不正常姿态中改出，以及无线电通信、导航设备的使用和空中交通管制程序；

3 小时单发飞机夜间飞行训练，包括 10 次起飞和着陆，以及一次总飞行距离超过 180 千米（100 海里）的转场飞行。

进入条件

完成相应的地面课。

预习讲评内容

科目	飞机飞行指南	仪表飞行指南
夜间视觉	10.1	
夜间错觉	10.2	
飞行员装备	10.3	
飞机设备与照明	10.4	
机场和导航灯光助航系统	10.5	
飞行前准备	10.6	
起动、滑行和暖机试车	10.7	
起飞和爬升	10.8	
定向和导航	10.9	
进近和着陆	10.10	
夜间应急情况	10.11	

训练内容

科目	标准	评分
地面		
○航空医学因素	3	
○飞机灯光系统	3	
○机场跑道、滑行道的标志和灯光	4	
○飞行准备	4	
○绕机目视检查	4	
○驾驶舱预先准备	4	
○驾驶舱准备	4	
○无线电通信和 ATC 灯光信号	4	
●检查单的使用	4	
●开车和试车	4	
●滑行	4	
●避让和防撞	4	
○起飞前检查	4	
转场		
●起飞	4	
●离场和爬升	4	
●预防和避免相撞	4	
●位置意识	4	
●地标罗盘领航和推测领航	4	
●导航系统和雷达服务	4	
●迷航处置程序	4	
●下降和进场	4	
●起落航线	4	
●停机和关车	4	
●飞行后程序	4	
夜间飞行		
○个人应携带设备	4	
●夜间方位概念、领航和航图阅读技巧	4	
●夜间安全预想和特情处置	3	
○夜间飞行生理学	3	

FL30：转场带飞检查及应急操作（2:30）

项目	飞行前讲评	飞行后讲评	飞机带飞	FTD	单飞/机长
推荐时间	1:30	0:30	2:30		
总 时 间			35:30	8:00	5:00

本课目的

本课主要是对学生转场技能包括模拟应急程序的处置进行检查，判断其是否为转场单飞做好准备。

注：本课是为了满足在单发飞机上由授权教员提供的至少 20 小时飞行训练。

该训练至少包括：

3 小时单发飞机转场飞机训练。

进入条件

完成相应的地面课。

预习讲评内容

科目	飞机飞行指南	仪表飞行指南
飞行前检查	2.1	
驾驶舱管理	2.2	
偏流和地面航迹控制	6.3	
大气		2.3
飞行管理系统（FMS）		3.10
主飞行显示（PFD）		3.11
采用先进技术的系统		3.12
仪表进近系统		9.5
雷达和应答机		10.2.2
夜间应急情况	10.11	
紧急情况	15.1	
紧急着陆	15.2	

训练内容

科目	标准	评分
地面		
○飞行准备	4	
○绕机目视检查	4	
○驾驶舱预先准备	4	
○驾驶舱准备	4	
○无线电通信和 ATC 灯光信号	4	
●检查单的使用	4	
●开车和试车	4	
●滑行	4	
●正确交接飞机操纵	4	
●避让和防撞	4	
○起飞前检查	4	
转场		
●短跑道起飞	4	
●离场和爬升	4	
●预防和避免相撞	4	
●位置意识	4	
●地标罗盘领航和推测领航	4	
●下降和进场	4	
●起落航线	4	
●停机关车	4	
●飞行后程序	4	
应急操作		
○低燃油供应	4	
○颠簸飞行	3	
●襟翼故障	4	
●模拟起飞后发动机失效	4	
●紧急进近和着陆（模拟）	4	

FL31：转场单飞（2:00）

项目	飞行前讲评	飞行后讲评	飞机带飞	FTD	单飞/机长
推荐时间	1:30	0:30			2:00
总 时 间			35:30	8:00	7:00

本课目的

本课主要是通过转场单飞，提高学生转场飞行的熟练程度。

注：本课是为了满足10小时单发飞机单飞训练。

该训练至少包括：

5小时转场单飞训练；

一次总距离至少为270千米（150海里）的转场单飞，在至少两个着陆点进行全停着陆，其中一个航段的起飞和着陆地点之间的直线距离至少为90千米（50海里），或者一次总距离至少180千米（100海里）的转场单飞，在至少三个着陆点进行全停着陆，其中一个航段的起飞和着陆点之间的直线距离至少为90千米（50海里）；

在具有飞行管制塔台的机场进行3次起飞和3次全停着陆。

进入条件

完成相应的地面课。

预习讲评内容

科目	飞机飞行指南	仪表飞行指南
飞行安全训练	1.3	
驾驶舱管理	2.2	
着陆后	2.8	
脱离跑道后	2.9	
复飞（终止着陆）	8.3	
飞行管理系统（FMS）		3.10
主飞行显示（PFD）		3.11
采用先进技术的系统		3.12
仪表进近系统		9.5

训练内容

科目	正常	不正常
地面		
○飞行准备		
○绕机目视检查		
○驾驶舱预先准备		
○驾驶舱准备		
○无线电通信和ATC灯光信号		
○ATIS的使用		
●检查单的使用		
●开车和试车		
●滑行		
●避让和防撞		
○起飞前检查		
○防止跑道入侵		
转场		
●起飞		
●离场和爬升		
●地标领航和推测领航		
●导航系统和雷达服务		
●利用导航设备定位		
●下降和进场		
●起落航线		
●停机关车		
●飞行后程序		

FL32：转场单飞（3:00）

项目	飞行前讲评	飞行后讲评	飞机带飞	FTD	单飞/机长
推荐时间	1:30	0:30			3:00
总　时　间			35:30	8:00	10:00

本课目的
　　本课主要是通过转场单飞，提高学生转场飞行的熟练程度。
　　注：本课是为了满足 10 小时单发飞机单飞训练。
　　该训练至少包括：
　　5 小时转场单飞训练；
　　一次总距离至少为 270 千米（150 海里）的转场单飞，在至少两个着陆点进行全停着陆，其中一个航段的起飞和着陆地点之间的直线距离至少为 90 千米（50 海里），或者一次总距离至少 180 千米（100 海里）的转场单飞，在至少三个着陆点进行全停着陆，其中一个航段的起飞和着陆点之间的直线距离至少为 90 千米（50 海里）；
　　在具有飞行管制塔台的机场进行 3 次起飞和 3 次全停着陆。

进入条件
　　完成相应的地面课。

预习讲评内容

科目	飞机飞行指南	仪表飞行指南
飞行安全训练	1.3	
驾驶舱管理	2.2	
偏流和地面航迹控制	6.3	
复飞（终止着陆）	8.3	
全球定位系统（GPS）		9.4.2
仪表进近系统		9.5

训练内容

科目	正常	不正常
地面		
〇飞行准备		
〇绕机目视检查		
〇驾驶舱预先准备		
〇驾驶舱准备		
〇无线电通信和 ATC 灯光信号		
〇机场跑道、滑行道的标志和灯光		
●检查单的使用		
●开车和试车		
●滑行		
●避让和防撞		
〇起飞前检查		
〇防止跑道入侵		
转场		
●起飞		
●离场和爬升		
●地标领航和推测领航		
●导航系统和雷达服务		
●利用导航设备定位		
●下降和进场		
●起落航线		
●停机关车		
●飞行后程序		

FL33: 综合课（8:30）

项目	飞行前讲评	飞行后讲评	飞机带飞	FTD	单飞/机长
推荐时间	1:30	0:30	8:30		
总 时 间			44:00	8:00	10:00

本课目的
　　本课主要是在单发私照阶段检查前，对学生仍然存在的问题做出有针对性的训练。

进入条件
　　在筛选后阶段检查之前任何时间段内都可进行。

FL34：阶段检查（1:30）

项目	飞行前讲评	飞行后讲评	飞机带飞	FTD	单飞/机长
推荐时间	1:30	0:30	1:30		
总 时 间			45:30	8:00	10:00

本课目的
本课主要是检查学生是否达到私用驾驶员执照实践考试标准的能力。

进入条件
完成本阶段所有课程。

训练内容
参见阶段检查工作单。

FL35: 综合课（3:00）

项目	飞行前讲评	飞行后讲评	飞机带飞	FTD	单飞/机长
推荐时间	1:30	0:30	3:00		
总 时 间			48:30	8:00	10:00

本课目的

　　本课主要是在单发私照实践考试前，对学生仍然存在的问题做出有针对性的训练，或私照阶段检查不通过后的补充训练和补充检查。

进入条件

　　只能在本阶段内阶段检查之后进行。

FL36: 实践考试（1:30）

项目	飞行前讲评	飞行后讲评	飞机带飞	FTD	单飞/机长
推荐时间	1:30	0:30	1:30		
总 时 间			50:00	8:00	10:00

本课目的
　　本课是私照部分的最后一课，它既是对学生飞行水平的综合测试，又是获取局方颁发的私用驾驶员执照，通向后续飞行训练的必要步骤。

进入条件
　　通过私照阶段检查，完成所有综合课。

训练内容
　　参见实践考试工作单。

此页有意留白

第 3 章
仪表等级训练

此页有意留白

3.1 概述

本部分训练提纲为仪表等级训练，包括基本仪表飞行阶段和仪表进近转场阶段。学生在完成训练之后，应能通过仪表等级实践考试。

3.2 注册条件

学生应当持有飞机类别的私用驾驶员执照。

3.3 教学机组配置

在飞行训练时，整个仪表等级训练部分都要求教员在右座带飞，学生在左座接受训练。

在训练器训练中，学生作为操纵飞机的驾驶员，应当在左座实施飞行，教员或不操纵飞机的学生在右座执行工作任务。

本阶段带飞教员须持仪表教员等级。

3.4 课程时间安排

课程时间安排见表 3.1 和表 3.2。

表 3.1 阶段时间安排　　单位：h

阶段	训练课程		
	地面课时间	训练时间	
		训练器课时间	飞行课时间
仪表飞行阶段	35	14	24
实践考试	0	0	2
合计	35	14	26

表 3.2 每课科目时间安排　　单位：h

课程名称	训练时间	训练器时间	飞行课时间	带飞时间	单飞时间	机长时间	转场时间	仪表时间	夜航时间
FTD6 全仪表飞行	1	1		1				1	
FL37 全仪表飞行	1.5		1.5	1.5				1.5	
FTD7 部分仪表飞行	1	1		1				1	
FL38 全仪表及部分仪表飞行	1.5		1.5	1.5				1.5	
FTD8 传统导航设备导航	1	1		1				1	
FL39 传统导航设备导航	1.5		1.5	1.5				1.5	
FTD9 标准仪表进离场程序	1	1		1				1	
FL40 标准仪表进离场程序	1.5		1.5	1.5				1.5	
FTD10 等待程序	1	1		1				1	
FL41 等待程序	1		1	1				1	
FTD11 精密进近	1	1		1				1	
FL42 精密进近	1.5		1.5	1.5				1.5	
FTD12 非精密进近	1.5	1.5		1.5				1.5	
FL43 非精密进近	1.5		1.5	1.5				1.5	
FTD13 部分仪表进近	1.5	1.5		1.5				1.5	
FL44 部分仪表进近	2		2	2				2	
FTD14 GPS 导航及 RNP 飞行程序	2	2		2				2	
FL45 转场飞行	2		2	2			2	2	
FL46 长转场飞行	4		4	4			4	4	
FTD15 综合课	3	3		3				3	
FL47 阶段检查	2		2	2				2	
FL48 综合课	4		4	4				4	
仪表等级阶段小计	38	14	24	38			6	38	
FL49 实践考试	2		2	2				2	
仪表等级部分合计	40	14	26	40			6	40	

3.5 课程设计标准申明

3.5.1 航空知识训练

本部分课程满足每门经批准的训练课程应当至少包括 CCAR-61 部第 61.83 条（b）款要求的航空知识地面训练。该训练时间至少如下：

对于初始仪表等级课程，30 小时（共计 35 小时）。

3.5.2 飞行训练

本部分课程满足每门经批准的训练课程应当至少包括 CCAR-61 部第 61.83 条（c）款要求的仪表飞行技能训练。训练时间至少如下：

（1）对于初始仪表等级课程，35 小时（共计 40 小时）。

（2）每门经批准的训练课程应当包括下列飞行训练：

① 在飞机上，授权教员提供的至少 15 小时仪表飞行训练（共计 26 小时）。

② 在飞机上至少完成一次总距离不少于 470 千米（250 海里）的仪表转场飞行，其中一个航段的起飞和着陆机场之间的直线距离至少为 150 千米（80 海里），在该次飞行的每个机场都应当进行仪表进近，至少完成三种不同的仪表进近，至少包括一种精密进近（FL46）。

③ 在实践考试日期之前 60 日内，授权教员提供的至少 3 小时准备考试的仪表飞行训练。

3.6 地面教学提纲

仪表等级阶段

阶段目的

本阶段学生将学习仪表飞行原理，包括仪表的操作、使用、限制和仪表导航系统；学习空中交通管制的作用和仪表飞行图的使用；学习各种仪表进近程序，以及仪表离场、入航和进场程序，学习天气信息、条件和趋势；学习 IFR 飞行计划和应急程序以及进一步了解飞行决策的步骤。学习的重点是与仪表飞行相关的人为因素和生理因素。另外，学生将熟悉与仪表飞行相关的航空法规。

完成标准

学生至少以 80 分通过本阶段的理论考试，教员应让学生回顾每个不正确的答案，以确保学生完全掌握这些知识，能够通过仪表等级执照理论考试。

GL19: 训练课程介绍 / 人为因素（1:00）

教学资料
　　《飞行员航空理论教程》。

实施顺序
　　课程介绍；
　　课堂讨论。

课程目的
　　复习私用驾驶员的权利；
　　理解与航空相关的人为因素。

教学内容
　　❏ 课程组成；
　　❏ 课程资料；
　　❏ 测验和考试；
　　❏ 方法和程序；
　　❏ FTD 训练；
　　❏ FTD 使用；
　　❏ 复习私用驾驶员的权利和限制。

　　仪表 / 商照训练
　　❏ 仪表飞行；
　　❏ 仪表和商照训练；
　　❏ 商用驾驶员的权利；
　　❏ 附加执照和等级。

　　高级人为因素
　　❏ 飞行决策；
　　❏ 机组资源管理；
　　❏ 飞行决策步骤；
　　❏ 机长职责；
　　❏ 交流；
　　❏ 资源使用；
　　❏ 工作安排；
　　❏ 处境意识。

　　航空生理
　　❏ 空间失去定向；
　　❏ 前庭混乱；
　　❏ 晕机；
　　❏ 缺氧症；
　　❏ 缺氧症的预防；
　　❏ 减压病；
　　❏ 换气过度；
　　❏ 压力；
　　❏ 疲劳；
　　❏ 酒精和药物；
　　❏ 飞行健康。

完成标准
　　学生熟悉仪表 / 商照训练课程和人为因素的知识，并通过教员口头测试；了解私用驾驶员的权利，并对学校飞行员训练的方法和程序有基本了解。

学习课程
　　《飞行员航空理论教程》飞行仪表系统。

GL20：飞行仪表系统（1:30）

教学资料
《飞行员航空理论教程》飞行仪表系统。

实施顺序
课程介绍和多媒体演示；
课堂讨论。

课程目的
了解仪表组件和系统的工作原理及其使用；
熟悉仪表组件和系统的限制和误差。

教学内容
陀螺飞行仪表
- 系统工作原理；
- 系统误差；
- 仪表检查。

磁罗盘
- 系统工作原理；
- 系统误差；
- 仪表检查；

全–静压系统仪表
- 系统工作原理；
- 系统误差；
- 仪表检查；
- 速度限制、空速表色彩代码。

完成标准
学生掌握 IFR 仪表、仪表飞行系统、仪表操作和仪表误差的知识，并通过教员口头测试；
学生至少以 80 分完成问题的回答，教员应让学生回顾每个不正确的答案，以确保学生在进入 GL21 的学习前完全掌握这些知识。

学习课程
《飞行员航空理论教程》基本仪表飞行。

GL21: 基本仪表飞行（1:30）

教学资料
　　《飞行员航空理论教程》基本仪表飞行。

实施顺序
　　课程介绍和多媒体演示；
　　课堂讨论；
　　桌面练习器（PCATD）。

课程目的
　　复习基本仪表飞行原理，包括仪表注意力分配的基本方法、仪表的认读知识；
　　掌握驾驶舱仪表的检查程序知识；
　　熟悉仪表系统故障和部分仪表飞行方法。

教学内容
　基本仪表飞行基础技能
　　☐ 仪表注意力分配；
　　☐ 仪表的认读；
　　☐ 飞机操纵；
　　☐ 主要/辅助仪表概念；
　　☐ 操纵和性能概念。

　基本飞行机动
　　☐ 直线平飞；
　　☐ 标准转弯；
　　☐ 大坡度盘旋；
　　☐ 恒速上升；
　　☐ 恒定上升率上升；
　　☐ 恒速下滑；
　　☐ 恒定下降率下滑；
　　☐ 上升和下滑改平；
　　☐ 上升和下滑转弯；
　　☐ 失速。

　仪表故障处置
　　☐ 仪表失效的判断；
　　☐ 姿态指示器故障；
　　☐ 航向指示器故障；
　　☐ 部分仪表飞行；
　　☐ 磁罗盘转弯；
　　☐ 计时转弯；
　　☐ 全－静压仪表故障。

　复杂状态的改出
　　☐ 大姿态改出；
　　☐ 改出俯冲；
　　☐ 部分仪表的复杂状态改出。

　介绍桌面练习器（按需）
　　☐ 定向和飞行的熟悉；
　　☐ 与 IFR 操作相关的飞机系统；
　　☐ 仪表飞行驾驶舱检查；
　　☐ 全仪表机动飞行；
　　☐ 部分仪表飞行考虑的事项。

完成标准
　　学生掌握基本仪表飞行知识，并通过教员口头测试；
　　具备部分仪表飞行的知识；
　　学生至少以 80 分完成问题的回答，教员应让学生回顾每个不正确的答案，以确保学生在进入 GL22 的学习前完全掌握了这些知识。

学习课程
　　《飞行员航空理论教程》仪表领航。

GL22：仪表领航（1:30）

教学资料
《飞行员航空理论教程》仪表领航。

实施顺序
课程介绍和多媒体演示；
课堂讨论；
PCATD。

课程目的
学习 VOR、DME 和 ADF 的功能、使用和限制知识；
熟悉其他仪表导航方法，包括 RNAV。

教学内容

VOR 导航
- ☐ 水平状态指示器；
- ☐ 截获径向线；
- ☐ 航迹保持；
- ☐ 确定飞行进程；
- ☐ 到台时间和距离；
- ☐ 过台；
- ☐ 使用 VOR 限制；
- ☐ 测距机；
- ☐ DME 弧。

导航
- ☐ 无线电磁指示器；
- ☐ 方位线的截获；
- ☐ 航迹保持；
- ☐ 到台时间和距离；
- ☐ 过台。

操作应考虑事项
- ☐ 地面设施；
- ☐ 机载设备的检查；
- ☐ 识别信号。

区域导航（RNAV）
- ☐ 基于 VORTAC 的区域导航；
- ☐ （FMS）飞行管理系统；
- ☐ （INS）惯导系统；
- ☐ （GPS）全球定位系统。

PCATD（按需）
- ☐ VOR 定位；
- ☐ 截获并保持 VOR 径向线；
- ☐ VOR 时间、速度和距离的计算；
- ☐ 截获并保持 DME 弧；
- ☐ 定位；
- ☐ 归航；
- ☐ 截获并保持 NDB 方位线；
- ☐ RNAV 定位（如适用）；
- ☐ HSI 和 RMI 定位（如适用）；
- ☐ 分析地面航迹。

完成标准
学生掌握导航系统的使用和限制知识，并通过教员口头测试；
学生至少以 80 分完成问题的回答，教员应让学生回顾每个不正确的答案，以确保学生在进入 GL23 的学习前完全掌握这些知识。

学习课程
CCAR/AIP——仪表飞行法规。

GL23: 仪表飞行规则（1:00）

教学资料
　　CCAR/AIP——仪表飞行法规。

实施顺序
　　课程介绍；
　　课堂讨论。

课程目的
　　熟悉与仪表飞行相关的航空法规。

教学内容
　　❏ CCAR 61；
　　❏ CCAR 91 仪表飞行规则；
　　❏ 航空事故报告及应急救援系统。

完成标准
　　学生掌握与仪表飞行相关的资源和法规，并通过教员口头测试；
　　学生至少以 80 分通过飞机类仪表飞行规则的测试，教员应让学生回顾每个不正确的答案，以确保学生在进入 GL24 的学习前完全掌握这些知识。

学习课程
　　《飞行员航空理论教程》机场、空域和飞行信息。

GL24：机场、空域和飞行信息（1:30）

教学资料
《飞行员航空理论教程》机场、空域和飞行信息。

实施顺序
课程介绍和多媒体演示；
课堂讨论。

课程目的
学习并熟悉机场环境，包括防撞和避免跑道侵入；
了解空域系统；
学习飞行信息源，特别是和仪表飞行相关的航空信息手册和咨询通告的基本知识。

教学内容

机场环境
- 跑道标识；
- 滑行道标识；
- 机场标志；
- 避免跑道入侵；
- 着陆停机避让程序(LAHSO)；
- 进近灯光系统；
- 目视下滑坡度灯；
- 跑道灯光；
- 机场信标和障碍物灯光。

空域
- 管制空域；
- 空域分类；
- 特殊目视飞行规则；
- 飞机速度限制；
- 特殊空域；
- 其他空域。

飞行信息
- 航空信息手册；
- 机场／设施指南；
- 航行通告；
- 咨询通告；
- 航行资料汇编（AIP）。

完成标准
学生掌握机场环境和灯光、空域的使用和飞行信息源的知识，并通过教员口头测试；
学生至少以 80 分完成问题的回答，教员应让学生回顾每个不正确的答案，以确保学生在进入 GL25 的学习前完全掌握这些知识。

学习课程
《飞行员航空理论教程》空中交通管制系统。

GL25: ATC 系统（1:00）

教学资料

《飞行员航空理论教程》空中交通管制系统。

实施顺序

课程介绍和多媒体演示；
课堂讨论。

课程目的

学习空中交通管制提供的服务种类；
熟悉各种航线和终端设施及其在 IFR 飞行中的使用。

教学内容

- ❏ 区域交通管制中心；
- ❏ 区域交通管制中心飞行间隔；
- ❏ 执行 IFR 飞行计划；
- ❏ 天气信息；
- ❏ 安全预警；
- ❏ 紧急救助；
- ❏ 终端设施；
- ❏ 通播；
- ❏ 放行许可；
- ❏ 管制塔台；
- ❏ 进场和离场的控制；
- ❏ 提供给 VFR 飞行的雷达服务；
- ❏ 飞行服务站。

完成标准

学生理解航线和终端的 ATC 服务，并通过教员口头测试；
学生至少以 80 分完成问题的回答，教员应让学生回顾每个不正确的答案，以确保学生在进入 GL26 的学习前完全掌握这些知识。

学习课程

《飞行员航空理论教程》空中交通管制许可。

GL26: ATC 许可（1:00）

教学资料
　　《飞行员航空理论教程》空中交通管制许可。

实施顺序
　　课程介绍和多媒体演示；
　　课堂讨论。

课程目的
　　熟悉 ATC 指令的程序；
　　学习并熟悉指令的抄收。

教学内容
　　❏ 飞行员职责；
　　❏ IFR 飞行计划和 ATC 指令；
　　❏ IFR 指令的要素；
　　❏ 简短的 IFR 离场指令；
　　❏ VFR 飞行；
　　❏ 进场指令；
　　❏ 对 IFR 指令的 VFR 限制；
　　❏ 飞行计划；
　　❏ 塔台入航指令；
　　❏ 离场限制；
　　❏ 复诵指令。

完成标准
　　学生理解飞行员职责和指令程序，并通过教员口头测试；
　　学生至少以 80 分完成问题的回答，教员应让学生回顾每个不正确的答案，以确保学生在进入 GL27 的学习前完全掌握这些知识。

学习课程
　　《飞行员航空理论教程》复习，为本阶段考试做准备。

GL27: 离场图和离场程序（1:30）

教学资料
《飞行员航空理论教程》离场图和离场程序。

实施顺序
课程介绍和多媒体演示；
课堂讨论。

课程目的
学习离场图的格式和符号；
学习离场程序的知识。

教学内容
离场图
- 获得航图；
- 离场标准；
- 仪表离场程序；
- 标准仪表离场程序；
- 雷达引导离场程序；
- 航图格式和符号。

离场程序
- 起飞最低标准；
- 离场选择；
- 图表式离场程序；
- 雷达离场；
- VFR 离场；
- 离场方法的选择。

完成标准
学生理解仪表离场程序和相关事宜，并通过教员口头测试；
学生至少以 80 分完成问题的回答，应让学生回顾每个不正确的答案，以确保学生在进入 GL28 课的学习前完全掌握这些知识。

学习课程
《飞行员航空理论教程》航线和区域图、航线程序。

GL28：航路图和程序（1:30）

教学资料
《飞行员航空理论教程》航线和区域图、航线程序。

实施顺序
课程介绍和多媒体演示；
课堂讨论。

课程目的
学习航线和区域图的应用知识；
学习 IFR 航线操作的相应程序和表达信息的符号。

教学内容
航线和区域图
- ❏ 中低空和高空航线图；
- ❏ 导航设备；
- ❏ 通信；
- ❏ 机场；
- ❏ 区域图。

航线程序
- ❏ 航线雷达的程序；
- ❏ 通信；
- ❏ 报告程序；
- ❏ 使用 GPS 的航线导航；
- ❏ 特殊空域；
- ❏ IFR 巡航高度；
- ❏ 从巡航到下降。

完成标准
学生理解航线图以及导航和通信程序，并通过教员口头测试；
学生至少以 80 分完成问题的回答，应让学生回顾每个不正确的答案，以确保学生在进入 GL29 课的学习前完全掌握这些知识。

学习课程
《飞行员航空理论教程》等待程序。

GL29: 等待程序（1:00）

教学资料
《飞行员航空理论教程》等待程序。

实施顺序
课程介绍和多媒体演示；
课堂讨论；
PCATD。

课程目的
学习等待程序及其进入、计时和通信的应用知识。

教学内容

等待程序
- ❏ 标准和非标准等待；
- ❏ 出航边和入航边计时；
- ❏ 侧风修正；
- ❏ 最大等待速度；
- ❏ 直接加入；
- ❏ 偏置加入；
- ❏ 平行加入；
- ❏ ATC 等待程序。

PCATD（如适用）
- ❏ 等待指令；
- ❏ 等待的进入；
- ❏ VOR 和 NDB 等待；
- ❏ 标准和非标准等待；
- ❏ 风的修正和航迹。

完成标准
学生理解等待的进入和程序，并通过教员口头测试；
学生至少以 80 分完成问题的回答，应让学生回顾每个不正确的答案，以确保学生在进入 GL30 课的学习前完全掌握这些知识。

学习课程
《飞行员航空理论教程》进场图和程序。

GL30: 进场图和程序（1:00）

教学资料
《飞行员航空理论教程》进场图和程序。

实施顺序
课程介绍和多媒体演示；
课堂讨论。

课程目的
学习进场图的应用知识；
学习进场程序和方法的应用知识。

教学内容
进场图
❑ 标准进场航线；
❑ 标准进场航线的认读；
❑ 垂直导航计划。

进场程序
❑ 进场的准备；
❑ 复习进近；
❑ 高度；
❑ 速度。

完成标准：
学生理解进场图和程序，并通过教员口头测试；
学生至少以 80 分完成问题的回答，教员应让学生回顾每个不正确的答案，以确保学生在进入 GL31 的学习前完全掌握这些知识。

学习课程
《飞行员航空理论教程》进近图。

GL31: 进近图（1:30）

教学资料
《飞行员航空理论教程》进近图。

实施顺序
课程介绍和多媒体演示；
课堂讨论。

课程目的
学生将开始学习怎样认读和使用公布的仪表进近图上的信息。

教学内容
进近阶段
❏ 起始进近阶段；
❏ 中间进近阶段；
❏ 最后进近阶段；
❏ 复飞阶段。

机场图
❏ 标题和通信部分；
❏ 平面图和跑道信息；
❏ 起飞和备降标准；
❏ 进近图形式的改变。

航图布局
❏ 标题部分；
❏ 简短信息；
❏ 最低安全高度；
❏ 平面图；
❏ 剖面图；
❏ 阶段下降点和目视下降点；
❏ 复飞图示；
❏ 换算表；
❏ 着陆最低标准；
❏ 飞机进近等级；
❏ 最低下降要求；
❏ 能见度要求；
❏ 不工作的地面设备。

完成标准
学生理解仪表进近图，并通过教员口头测试；
学生至少以 80 分完成问题的回答，教员应让学生回顾每个不正确的答案，以确保学生在进入 GL32 的学习前完全掌握这些知识。

学习课程
《飞行员航空理论教程》进近程序。

GL32：进近程序（1:00）

教学资料
《飞行员航空理论教程》进近程序。

实施顺序
课程介绍和多媒体演示；
课堂讨论。

课程目的
学习从航线阶段过渡到进近阶段的程序；
提高对进近程序知识的理解。

教学内容
❑ 进近准备；
❑ 进近图复习；
❑ 进近指令；
❑ 执行进近；
❑ 直线进近；
❑ 进近过程中雷达的使用；
❑ 进近路线；
❑ 反向进近；
❑ 从等待点的计时进近；
❑ 最后进近；
❑ 盘旋进近；
❑ 复飞程序；
❑ 目视进近。

完成标准
学生理解进近操作和程序，并通过教员口头测试；
学生至少以 80 分完成问题的回答，教员应让学生回顾每个不正确的答案，以确保学生在进入 GL33 的学习前完全掌握这些知识。

学习课程
《飞行员航空理论教程》VOR 和 NDB 进近。

GL33: VOR 和 NDB 进近（1:00）

教学资料
《飞行员航空理论教程》VOR 和 NDB 进近。

实施顺序
课程介绍和多媒体演示；
课堂讨论；
PCATD。

课程目的
学习 VOR 和 NDB 进近的程序和方法。

教学内容
VOR 和 NDB 进近
- ❏ VOR 进近程序；
- ❏ 机场外设备；
- ❏ 机场设备；
- ❏ 进近程序；
- ❏ NDB 进近程序；
- ❏ 雷达引导进近。

PCATD（如适用）
- ❏ VOR 进近程序；
- ❏ VOR 复飞程序；
- ❏ NDB 进近程序；
- ❏ NDB 复飞程序。

完成标准
学生理解 VOR 和 NDB 进近程序，并通过教员口头测试；
学生至少以 80 分完成问题的回答，教员应让学生回顾每个不正确的答案，以确保学生在进入 GL34 的学习前完全掌握这些知识。

学习课程
《飞行员航空理论教程》ILS 进近。

GL34: ILS进近（1:00）

教学资料
　　《飞行员航空理论教程》ILS 进近。

实施顺序
　　课程介绍和多媒体演示；
　　课堂讨论；
　　PCATD。

课程目的
　　学习 ILS 地面设备和进近程序的知识。

教学内容
　　ILS 进近
- ILS 进近的种类和最低标准；
- ILS 地面设备；
- 不工作的地面设备；
- ILS 进近；
- 直接 ILS 进近（无程序转弯）；
- 直线进近反向着陆；
- ILS/DME 进近；
- 雷达引导到 ILS 五边；
- 平行跑道的 ILS 进近；
- 航向道进近；
- 反航道进近；
- 可用着陆距离；
- 简易定向设备。

　　PCATD（如适用）
- 航向道；
- 下滑道；
- 信标台；
- 导航台；
- 目视辅助设备；
- ILS 种类；
- ILS 进近；
- 无雷达的 ILS 程序；
- 经 DME 弧过渡到进近；
- NDB 过渡；
- 雷达引导的 ILS 程序；
- 有 DME 的 ILS 程序；
- 反航道进近。

完成标准
　　学生理解进行 ILS 进近的各种方法，并通过教员口头测试；
　　学生至少以 80 分完成问题的回答，教员应让学生回顾每个不正确的答案，以确保学生在进入 GL35 的学习前完全掌握这些知识。

学习课程
　　《飞行员航空理论教程》区域导航进近。

GL35: RNAV 进近（1:00）

教学资料
《飞行员航空理论教程》区域导航进近。

实施顺序
课程介绍；
课堂讨论。

课程目的
熟悉区域导航仪表进近系统和程序。

教学内容
进近
- 进近设计；
- GPS 进近；
- 水平导航和垂直导航；
- GPS 设备要求；
- 导航数据库；
- 特殊 GPS 导航事项；
- 结合 GPS 的进近；
- 独立的 GPS 进近；
- 雷达引导的 GPS 进近。

VOR/DME 区域导航
- 操作原理；
- VOR/DME 区域导航进近。

完成标准
学生理解区域导航的进近程序和限制，并通过教员口头测试；
学生至少以 80 分完成问题的回答，教员应让学生回顾每个不正确的答案，以确保学生在进入 GL36 的学习前完全掌握这些知识。

学习课程
《飞行员航空理论教程》。

GL36：综合复习（1:30）

教学资料
《飞行员航空理论教程》。

实施顺序
课程介绍；
复习测试；
讲评。

课程目的
通过综合复习，评估学生对航线和终端图表信息及程序的理解。

考试内容
- ❑ 离场图和程序；
- ❑ 航线图和程序；
- ❑ 等待程序；
- ❑ 进场图和程序；
- ❑ 进近图和程序；
- ❑ VOR 和 NDB 仪表进近；
- ❑ ILS 进近；
- ❑ 区域导航进近。

完成标准
学生至少以 80 分通过本问题的回答，教员应让学生回顾每个不正确的答案，以确保学生在进入 GL37 的学习前完全掌握这些知识。

学习课程
《飞行员航空理论教程》气象因素和危险天气。

GL37：天气因素和危害（1:00）

教学资料
《飞行员航空理论教程》气象因素和危险天气。

实施顺序
课程介绍和多媒体演示；
课堂讨论。

课程目的
熟悉影响和危害飞行安全的天气因素。

教学内容
气象因素
- 大气和大气循环；
- 压力和风；
- 湿度、降水和稳定程度；
- 云的种类；
- 气团；
- 锋面；
- 高空天气。

危险天气
- 边缘天气的识别；
- 雷暴和雷暴的避让；
- 颠簸；
- 低空颠簸、尾流颠簸、晴空颠簸和山地波颠簸；
- 颠簸的报告；
- 风切变；
- 低能见度；
- 积冰；
- 寒冷天气操作。

完成标准
学生理解天气因素和危险天气，并通过教员口头测试；
学生至少以 80 分完成问题的回答，教员应让学生回顾每个不正确的答案，以确保学生在进入 GL38 的学习前完全掌握这些知识。

学习课程
《飞行员航空理论教程》天气报告和预报。

GL38：天气报告和预报（2:00）

教学资料
　　《飞行员航空理论教程》天气报告和预报。

实施顺序
　　课程介绍和多媒体演示；
　　课堂讨论。

课程目的
　　学习获取和解释天气报告和预报的知识。

教学内容
　　❏ 天气实况报；
　　❏ 雷达气象报；
　　❏ 机组气象报；
　　❏ 机场预报；
　　❏ 区域报；
　　❏ 高空风和温度预报；
　　❏ 危险天气报告和预报。

完成标准
　　学生理解天气报告和预报所包含的信息，并通过教员口头测试。
　　学生至少以 80 分完成问题的回答，教员应让学生回顾每个不正确的答案，以确保学生在进入 GL39 的学习前完全掌握这些知识。

学习课程
　　《飞行员航空理论教程》天气图。

GL39：天气图（1:00）

教学资料
　　《飞行员航空理论教程》天气图。

实施顺序
　　课程介绍和多媒体演示；
　　课堂讨论。

课程目的
　　掌握天气图表上的信息，以及如何使用图表。

教学内容
　天气图表
　　❏ 地面分析图；
　　❏ 天气描述图；
　　❏ 雷达综述图；
　　❏ 卫星气象图；
　　❏ 湿度与稳定度合成图；
　　❏ 等压分析图；
　　❏ 高空风和温度观测图。

　预报图表
　　❏ 低空重要天气图；
　　❏ 高空重要天气图；
　　❏ 对流天气展望图；
　　❏ 高空风和温度预报图。

完成标准
　　学生理解天气图表上的信息，并通过教员口头测试。
　　学生至少以 80 分完成问题的回答，教员应让学生回顾每个不正确的答案，以确保学生在进入 GL40 的学习前完全掌握这些知识。

学习课程
　　《飞行员航空理论教程》天气信息源。

GL40: 天气信息源（1:00）

教学资料
　　《飞行员航空理论教程》天气信息源。

实施顺序
　　课程介绍和多媒体演示；
　　课堂讨论。

课程目的
　　学习如何在飞行前和飞行中使用天气信息源；
　　学习如何解释和使用天气信息。

教学内容
　飞行前天气信息源
　　❏ 飞行服务站；
　　❏ 飞行前天气讲评；
　　❏ 终端系统的直接用户。

　飞行中天气信息源
　　❏ 飞行员气象情报和重要气象情报；
　　❏ 重要对流天气情报；
　　❏ 航路飞行咨询服务；
　　❏ 飞行服务站；
　　❏ 天气咨询中心；
　　❏ 飞行中危险天气咨询服务；
　　❏ ATIS；
　　❏ 气象雷达服务；
　　❏ 地面自动观测系统；
　　❏ 天气自动观测系统。

　空中气象设备
　　❏ 气象雷达。

完成标准
　　学生理解飞行前和飞行中的天气信息，并通过教员口头测试；
　　学生至少以 80 分完成问题的回答，教员应让学生回顾每个不正确的答案，以确保学生在进入 GL41 的学习前完全掌握这些知识。

学习课程
　　《飞行员航空理论教程》IFR 应急程序。

GL41: IFR 应急程序（2:00）

教学资料
　　《飞行员航空理论教程》IFR 应急程序。

实施顺序
　　课程介绍和多媒体演示；
　　课堂讨论。

课程目的
　　学习识别紧急情况和执行正确的应急程序知识。

教学内容
　紧急情况
　　❑ 紧急情况的报告；
　　❑ 低燃油量；
　　❑ 陀螺仪表系统故障；
　　❑ 通信故障；
　　❑ 紧急进近程序；
　　❑ 故障报告。

完成标准
　　学生有能力识别和正确处置紧急情况，并通过教员口头测试；
　　学生至少以 80 分完成问题的回答，教员应让学生回顾每个不正确的答案，以确保学生在进入 GL42 的学习前完全掌握这些知识。

学习课程
　　《飞行员航空理论教程》IFR 飞行决策和 IFR 飞行计划。

GL42: IFR 飞行决策 / 飞行计划（2:00）

教学资料
　　《飞行员航空理论教程》IFR 飞行决策和 IFR 飞行计划。

实施顺序
　　课程介绍和多媒体演示；
　　课堂讨论 IFR 飞行决策 / 飞行计划。

课程目的
　　掌握制订 IFR 飞行计划和影响飞行决策的因素的相关知识。

教学内容
　IFR 飞行决策
　　❏ 飞行决策的过程；
　　❏ IFR 意外事故；
　　❏ 错误判断链；
　　❏ 风险评估；
　　❏ 机长职责；
　　❏ 危险的态度；
　　❏ 机组关系；
　　❏ 交流；
　　❏ 资源利用；
　　❏ 工作量安排；
　　❏ 处境意识；
　　❏ 可控飞行撞地。

　IFR 飞行计划
　　❏ 航线和高度的选取；
　　❏ 飞行信息资料；
　　❏ 需考虑的天气事项；
　　❏ 领航记录表的完成；
　　❏ 申请飞行计划；
　　❏ 结束 IFR 飞行计划。

完成标准
　　学生理解 IFR 飞行计划和影响飞行决策的因素，并通过教员口头测试；
　　学生至少以 80 分完成问题的回答，教员应让学生回顾每个不正确的答案。

学习课程
　　复习《飞行员航空理论教程》为阶段考试做准备。

GL43: 阶段考试（1:30）

教学资料

《飞行员航空理论教程》。

实施顺序

课程介绍；
考试；
讲评。

课程目的

通过阶段考试来评估学生是否已掌握天气因素、危险天气和天气信息源，以及飞行决策、IFR 飞行计划和应急程序的知识。

考试内容

☐ 气象；
☐ 需考虑的 IFR 飞行事项。

完成标准

学生至少以 80 分通过本阶段考试，教员应让学生回顾每个不正确的答案，以确保学生在仪表等级课程结束考试或仪表等级执照理论考试前完全掌握这些知识。

学习课程

《飞行员航空理论教程》为仪表等级课程结束考试或仪表等级执照理论考试做准备。

GL44: 仪表等级课程结束或执照理论考试（2:30）

教学资料
　　《飞行员航空理论教程》。

实施顺序
　　课程介绍；
　　测试；
　　讲评。

课程目的
　　掌握所有仪表等级航空理论知识。

考试内容
　　❑ 应掌握的所有仪表等级航空理论知识。

完成标准
　　学生至少以 80 分通过仪表等级课程结束考试或仪表等级执照理论考试。

学习课程
　　复习《飞行员航空理论教程》，为仪表等级理论考试做准备。

3.7 飞行训练提纲

仪表等级飞行阶段

阶段目的

本阶段在仪表飞行条件下实施，训练学生参照仪表精确控制飞行状态，完成无线电领航。同时，使用全仪表或部分仪表正确实施等待程序，训练学生使用全仪表或部分仪表正确实施等待程序和准确进行仪表进近，包括盘旋进近和复飞程序，以及 IFR 转场飞行程序，提高学生仪表转场的熟练程度，达到仪表等级飞行员的水平要求。

完成标准

完成本阶段课程后，学生应够熟练掌握和准确实施等待程序以及要求的所有仪表进近程序，可按照仪表等级飞行员的要求准确实施仪表等级实践考试标准所列的全部 IFR 飞行科目和程序。

FTD6: 全仪表飞行（1:00）

项目	飞行前讲评	飞行后讲评	飞机带飞	FTD	单飞/机长
推荐时间	1:30	0:30		1:00	
总 时 间			50:00	9:00	10:00

本课目的

本课以练习仪表飞行相关程序、报话、多人制机组协同制程序以及仪表飞行注意力分配为主，对具体飞行数据不做过多要求。

进入条件

完成相应的地面课。

预习讲评内容

科目	飞机飞行指南	仪表飞行指南
人的因素介绍		1.1
定向感觉系统		1.2
错觉导致空间失定向		1.3
姿势因素		1.4
空间失定向的演示		1.5
如何应对空间失定向		1.6
视性错觉		1.7
大气		2.3
配平		2.6
低速飞行		2.7
爬升		2.8
转弯		2.9
全静压系统		3.2
陀螺仪仪表		3.7
主飞行显示（PFD）		3.11
电子飞行显示仪表飞行介绍		5.1
电子飞行显示仪表飞行学习方法		5.2
飞机基本飞行机动（电子飞行显示）介绍		7.1
直线平飞		7.2
仪表起飞		7.5
IFR 飞行介绍		11.1
飞行计划情报原始资料		11.2
IFR 飞行计划		11.3
IFR 飞行许可		11.4
IFR 飞行		11.10

训练内容

科目	标准	评分
本场		
●起飞	3	
●离场和爬升	3	
●全仪表上升	3	
●全仪表上升转弯	3	
●全仪表下降	3	
●全仪表下降转弯	3	
●全仪表直线平飞	3	
●全仪表变速飞行	3	
●全仪表恒定速度上升	3	
●全仪表恒定速度下降	3	
●全仪表恒定上升率上升	3	
●全仪表恒定下降率下降	3	
●全仪表参考磁罗盘计时转弯	3	
●全仪表参考磁罗盘转弯	3	

FL37：全仪表飞行（1:30）

项目	飞行前讲评	飞行后讲评	飞机带飞	FTD	单飞/机长
推荐时间	1:30	0:30	1:30		
总 时 间			51:30	9:00	10:00

本课目的
　　本课以练习仪表飞行相关程序、报话、多人制机组协同制程序以及仪表飞行注意力分配为主，对具体飞行数据不做过多要求。

进入条件
　　完成 FTD6。

预习讲评内容

科目	飞机飞行指南	仪表飞行指南
如何防止视错觉造成的着陆偏差		1.8
生理和心理因素——压力		1.9
医学因素		1.10
风险的识别		1.11
磁力		3.5
陀螺仪系统		3.6
主飞行显示（PFD）		3.11
导航仪表系统检查		3.14
姿态仪表飞行的基本技能		5.3
常见错误		5.4
直线爬升和下降		7.3
转弯		7.4
IFR 飞行		11.10

训练内容

科目	标准	评分
地面		
○飞行准备	4	
○绕机目视检查	4	
○驾驶舱预先准备	4	
○驾驶舱准备	4	
○无线电通信	3	
○飞行仪表和导航设备	3	
○仪表座舱检查	3	
●开车和试车	3	
●离场程序和放行许可	3	
●指令抄收和复诵	3	
○起飞前检查	4	
本场		
●起飞	4	
●离场和爬升	3	
●全仪表上升	3	
●全仪表上升转弯	3	
●全仪表下降	3	
●全仪表下降转弯	3	
●全仪表直线平飞	4	
●全仪表变速飞行	4	
●全仪表恒定速度上升	4	
●全仪表恒定速度下降	4	
●全仪表恒定上升率上升	4	
●全仪表恒定下降率下降	4	
●全仪表参考磁罗盘计时转弯	3	
●全仪表参考磁罗盘转弯	3	
●不正常姿态改出（参考仪表）	3	
●着陆	3	
●停机关车	4	
●飞行后程序	4	

FTD7：部分仪表飞行（1:00）

项目	飞行前讲评	飞行后讲评	飞机带飞	FTD	单飞/机长
推荐时间	1:30	0:30		1:00	
总 时 间			51:30	10:00	10:00

本课目的
　　本课主要是让学生了解部分仪表飞行的重要意义，练习部分仪表的飞行方法。

进入条件
　　熟悉基本的全仪表飞行。

预习讲评内容

科目	飞机飞行指南	仪表飞行指南
升力		2.4
阻力曲线		2.5
全静压系统		3.2
磁力系统		3.5
空中交通管制系统导言		10.1
通信设备		10.2
通信设施与部门		10.4
离场程序（DP）		11.5
仪表气象飞行		11.9
分析仪表故障		12.4
气源系统故障		12.5
情景意识		12.9

训练内容

科目	标准	评分
本场		
●部分仪表上升	3	
●部分仪表下降	3	
●部分仪表直线平飞	3	
●部分仪表变速飞行	3	
●部分仪表恒定速度上升	3	
●部分仪表恒定上升率上升	3	
●部分仪表恒定下降率下降	3	
●部分仪表参考磁罗盘计时转弯	3	
●部分仪表参考磁罗盘转弯	3	
●不正常姿态改出（参考部分仪表）	3	
●部分仪表标准转弯率转弯	3	

FL38：全仪表及部分仪表飞行（1:30）

项目	飞行前讲评	飞行后讲评	飞机带飞	FTD	单飞/机长
推荐时间	1:30	0:30	1:30		
总 时 间			53:00	10:00	10:00

本课目的

本课主要是进一步巩固全仪表飞行机动及相关程序，以及练习部分仪表的机动飞行。

进入条件

完成FTD7。

预习讲评内容

科目	飞机飞行指南	仪表飞行指南
定向感觉系统		1.2
错觉导致空间失定向		1.3
姿势因素		1.4
空间失定向的演示		1.5
如何应对空间失定向		1.6
磁力		3.5
陀螺仪系统		3.6
姿态仪表飞行的基本技能		5.3
电子飞行显示仪表飞行常见错误		5.4
直线平飞		7.2
直线爬升和下降		7.3
转弯		7.4
仪表起飞		7.5
基本仪表飞行样式		7.6

训练内容

科目	标准	评分
地面		
○飞行准备	4	
○绕机目视检查	4	
○驾驶舱预先准备	4	
○驾驶舱准备	4	
○无线电通信	4	
○飞行仪表和导航设备	4	
○仪表座舱检查	4	
●开车和试车	4	
●离场程序和放行许可	3	
●指令抄收和复诵	4	
○起飞前检查	4	
本场		
●起飞	4	
●离场和爬升	4	
●部分仪表上升	3	
●部分仪表下降	3	
●部分仪表直线平飞	4	
●部分仪表变速飞行	4	
●部分仪表恒定速度上升	4	
●部分仪表恒定上升率上升	4	
●部分仪表恒定下降率下降	4	
●部分仪表参考磁罗盘计时转弯	4	
●部分仪表参考磁罗盘转弯	4	
●不正常姿态改出（参考部分仪表）	4	
●部分仪表标准转弯率转弯	4	
●停机关车	4	
●飞行后程序	4	

FTD8: 传统导航设备导航（1:00）

项目	飞行前讲评	飞行后讲评	飞机带飞	FTD	单飞/机长
推荐时间	1:30	0:30		1:00	
总 时 间			53:00	11:00	10:00

本课目的
本课主要是让学生了解 VOR、NDB、DME 相关知识，并练习在仪表飞行中使用这些导航系统进行操作。

进入条件
完成相应的地面课。

预习讲评内容

科目	飞机飞行指南	仪表飞行指南
生理和心理因素		1.9
医学因素		1.10
风险的识别		1.11
飞行支持系统		3.8
导航仪表系统检查		3.14
直线平飞		7.2
直线爬升和下降		7.3
导航系统介绍		9.1
无线电基本原理		9.2
传统导航设备		9.3

训练内容

科目	标准	评分
本场		
● 起飞和爬升	4	
● 保持航向道飞行	4	
● NDB 定位和归台	4	
● 切入并保持 NDB 预定方位线	4	
● 切入并保持预定 VOR 径向线	4	
● VOR 到台时间、速度和距离	4	
● 切入并保持 DME 弧（若飞机安装该设备）	4	

FL39：传统导航设备导航（1:30）

项目	飞行前讲评	飞行后讲评	飞机带飞	FTD	单飞/机长
推荐时间	1:30	0:30	1:30		
总 时 间			54:30	11:00	10:00

本课目的

本课主要是让学生了解 VOR、NDB、DME 相关知识，并练习在仪表飞行中使用这些导航系统。

进入条件

完成 FTD8。

预习讲评内容

科目	飞机飞行指南	仪表飞行指南
姿态仪表飞行的基本技能		5.3
电子飞行显示仪表飞行常见错误		5.4
转弯		7.4
通信设备		10.2
通信设施与部门		10.4
进近管制中心		10.6
进近管制设备		10.7
离场程序（DP）		11.5
仪表气象飞行		11.9
机组资源管理（CRM）和单人机组资源管理（SRM）		1.12
处境意识		1.13
任务管理		1.15
航空决策（ADM）		1.16
航空决策制定的实施模型		1.17
危险态度及其解决方法		1.18
直线平飞		7.2
直线爬升和下降		7.3
传统导航设备		9.3

训练内容

科目	标准	评分
地面		
○飞行准备	4	
○绕机目视检查	4	
○驾驶舱预先准备	4	
○驾驶舱准备	4	
○无线电通信	4	
○飞行仪表和导航设备	4	
○仪表座舱检查	4	
●开车和试车	4	
●离场程序和放行许可	4	
●指令抄收和复诵	4	
○起飞前检查	4	
本场		
●起飞和爬升	4	
●保持航向道飞行	4	
● NDB 定位和归台	4	
●切入并保持 NDB 预定方位线	4	
●切入并保持预定 VOR 径向线	4	
● VOR 到台时间、速度和距离	4	
●切入并保持 DME 弧（若飞机安装该设备）	4	
●停机关车	4	
●飞行后程序	4	

FTD9：标准仪表进离场程序（1:00）

项目	飞行前讲评	飞行后讲评	飞机带飞	FTD	单飞/机长
推荐时间	1:30	0:30		1:00	
总 时 间			54:30	12:00	10:00

本课目的
　　本课主要是让学生了解标准进离场相关知识，并练习在仪表飞行中根据航图进行飞行。

进入条件
　　完成相应的地面课。

预习讲评内容

科目	飞机飞行指南	仪表飞行指南
主飞行显示（PFD）		3.11
姿态仪表飞行的基本技能		5.3
电子飞行显示仪表飞行常见错误		5.4
传统导航设备		9.3
IFR 飞行计划		11.3
IFR 飞行许可		11.4
IFR 飞行		11.10
GPS 最近机场功能		12.8

训练内容

科目	标准	评分
本场		
●起飞	4	
●标准仪表离场程序	3	
●保持航道飞行	4	
●巡航功率设置	4	
●进场程序和许可	4	
●标准仪表进场程序	3	
应急操作		
●无线电设备故障	4	

FL40：标准仪表进离场程序（1:30）

项目	飞行前讲评	飞行后讲评	飞机带飞	FTD	单飞/机长
推荐时间	1:30	0:30	1:30		
总 时 间			56:00	12:00	10:00

本课目的
　　本课主要是让学生了解标准进离场相关知识，并练习在仪表飞行中根据航图进行飞行。

进入条件
　　完成FTD9。

预习讲评内容

科目	飞机飞行指南	仪表飞行指南
机组资源管理（CRM）和单人机组资源管理（SRM）		1.12
处境意识		1.13
任务管理		1.15
航空决策（ADM）		1.16
航空决策制定的实施模型		1.17
危险态度及其解决方法		1.18
直线平飞		7.2
直线爬升和下降		7.3
传统导航设备		9.3
无方向无线电信标台（NDB）		9.3.1
甚高频全向信标台（VOR）		9.3.2
测距仪（DME）		9.3.3
公布的标准仪表进近程序		11.8.1
民用机场的仪表进近		11.8.2

训练内容

科目	标准	评分
地面		
○飞行准备	4	
○绕机目视检查	4	
○驾驶舱预先准备	4	
○驾驶舱准备	4	
○无线电通信	4	
○飞行仪表和导航设备	4	
○仪表座舱检查	4	
●开车和试车	4	
●离场程序和放行许可	4	
●指令抄收和复诵	4	
○起飞前检查	4	
本场		
●起飞	4	
●标准仪表离场程序	3	
●保持航道飞行	4	
●巡航功率设置	4	
●进场程序和许可	4	
●标准仪表进场程序	3	
●停机关车	4	
●飞行后程序	4	

FTD10：等待程序（1:00）

项目	飞行前讲评	飞行后讲评	飞机带飞	FTD	单飞/机长
推荐时间	1:30	0:30		1:00	
总 时 间			56:00	13:00	10:00

本课目的
本课主要练习各种等待程序。

进入条件
完成相应的地面课。

预习讲评内容

科目	飞机飞行指南	仪表飞行指南
等待程序		11.7
飞机系统失效		12.3
分析仪表故障		12.4
气源系统故障		12.5
全静压系统故障		12.6
通信/导航系统故障		12.7

训练内容

科目	标准	评分
本场		
● DME 等待（若飞机有此设备）	3	
● NDB 等待	3	
● VOR 等待	3	
● 任意点等待	3	
应急操作		
● 无线电设备故障	4	

FL41：等待程序（1:00）

项目	飞行前讲评	飞行后讲评	飞机带飞	FTD	单飞/机长
推荐时间	1:30	0:30	1:00		
总 时 间			57:00	13:00	10:00

本课目的

　　练习全仪表和部分仪表的 VOR/NDB 等待，复习 VOR/NDB 导航。

进入条件

　　完成 FTD10。

预习讲评内容

科目	飞机飞行指南	仪表飞行指南
模拟式图像显示		3.9
安全系统		3.13
导航仪表系统检查		3.14
处境意识		12.9
采用先进技术的系统		3.12
安全系统		3.13
先进技术		9.4

训练内容

科目	标准	评分
地面		
○飞行准备	4	
○绕机目视检查	4	
○驾驶舱预先准备	4	
○驾驶舱准备	4	
○无线电通信	4	
○飞行仪表和导航设备	4	
○仪表座舱检查	4	
●开车和试车	4	
●离场程序和放行许可	4	
●指令抄收和复诵	4	
○起飞前检查	4	
本场		
●起飞	4	
●标准仪表离场程序	4	
●NDB 等待	4	
●VOR 等待	4	
●DME 等待	4	
●进场程序和许可	4	
●标准仪表进场程序	4	
●停机关车	4	
●飞行后程序	4	

FTD11：精密进近（1:00）

项目	飞行前讲评	飞行后讲评	飞机带飞	FTD	单飞/机长
推荐时间	1:30	0:30		1:00	
总 时 间			57:00	14:00	10:00

本课目的
　　练习精密进近程序和方法。

进入条件
　　完成相应的地面课。

预习讲评内容

科目	飞机飞行指南	仪表飞行指南
仪表着陆系统（ILS）		9.5.1
进近灯光系统（ALS）		9.5.2
ILS 作用		9.5.3
ILS 误差		9.5.4
简易定向设备（SDF）		9.5.6
航向信标式定向设备（LDA）		9.5.7
微波着陆系统（MLS）		9.5.8
公布的标准仪表进近程序		11.8.1
民用机场的仪表进近		11.8.2
雷达进近		11.8.3
仪表进近的雷达监控		11.8.4
从等待定位点的计时进近		11.8.5
平行跑道进近		11.8.6
平行进近机动		11.8.7
盘旋进近		11.8.8
仪表进近程序的最低标准		11.8.9
复飞		11.8.10

训练内容

科目	标准	评分
本场		
●起飞	4	
●标准仪表离场程序	3	
●进场程序和许可	4	
●标准仪表进场程序	3	
●ILS 进近	3	
●直线进近至最低标准的程序	3	
●复飞程序	3	

FL42：精密进近（1:30）

项目	飞行前讲评	飞行后讲评	飞机带飞	FTD	单飞/机长
推荐时间	1:30	0:30	1:30		
总 时 间			58:30	14:00	10:00

本课目的
　　练习精密进近程序和方法。

进入条件
　　完成FTD11。

预习讲评内容

科目	飞机飞行指南	仪表飞行指南
仪表着陆系统（ILS）		9.5.1
进近灯光系统（ALS）		9.5.2
ILS作用		9.5.3
ILS误差		9.5.4
简易定向设备（SDF）		9.5.6
航向信标式定向设备（LDA）		9.5.7
微波着陆系统（MLS）		9.5.8
公布的标准仪表进近程序		11.8.1
民用机场的仪表进近		11.8.2
雷达进近		11.8.3
仪表进近的雷达监控		11.8.4
从等待定位点的计时进近		11.8.5
平行跑道进近		11.8.6
平行进近机动		11.8.7
盘旋进近		11.8.8
仪表进近程序的最低标准		11.8.9
复飞		11.8.10
着陆		11.8.11

训练内容

科目	标准	评分
地面		
○飞行准备	4	
○绕机目视检查	4	
○驾驶舱预先准备	4	
○驾驶舱准备	4	
○无线电通信	4	
○飞行仪表和导航设备	4	
○仪表座舱检查	4	
●开车和试车	4	
●离场程序和放行许可	4	
●指令抄收和复诵	4	
○起飞前检查	4	
本场		
●起飞	4	
●标准仪表离场程序	4	
●进场程序和许可	4	
●标准仪表进场程序	4	
●ILS进近	4	
●直线进近至最低标准的程序	4	
●复飞程序	4	
●停机关车	4	
●飞行后程序	4	

FTD12：非精密进近（1:30）

项目	飞行前讲评	飞行后讲评	飞机带飞	FTD	单飞/机长
推荐时间	1:30	0:30		1:30	
总 时 间			58:30	15:30	10:00

本课目的
练习非精密进近的程序和方法，熟悉 CDFA 进近和 PBN 进近（如适用）。

进入条件
完成相应的地面课。

预习讲评内容

科目	飞机飞行指南	仪表飞行指南
机组资源管理（CRM）和单人机组资源管理（SRM）		1.12
处境意识		1.13
任务管理		1.15
导航仪表系统检查		3.14
无方向无线电信标台（NDB）		9.3.1
甚高频全向信标台（VOR）		9.3.2
公布的标准仪表进近程序		11.8.1
民用机场的仪表进近		11.8.2
仪表进近的雷达监控		11.8.4
从等待定位点的计时进近		11.8.5
盘旋进近		11.8.8
仪表进近程序的最低标准		11.8.9
复飞		11.8.10

训练内容

科目	标准	评分
本场		
●进场程序和许可	3	
●标准仪表进场程序	3	
● VOR 进近	3	
● NDB 进近	3	
● PBN 进近（如适用）	2	
●航向道进近	3	
●反航道进近	3	
●直线进近至最低标准的程序	3	
●目视盘旋进近	2	
●复飞程序	3	

FL43：非精密进近（1:30）

项目	飞行前讲评	飞行后讲评	飞机带飞	FTD	单飞/机长
推荐时间	1:30	0:30	1:30		
总 时 间			60:00	15:30	10:00

本课目的
　　练习非精密进近的程序和方法，熟悉 CDFA 进近。

进入条件
　　完成 FTD12。

预习讲评内容

科目	飞机飞行指南	仪表飞行指南
航空决策（ADM）		1.16
航空决策制定的实施模型		1.17
危险态度及其解决方法		1.18
无方向无线电信标台（NDB）		9.3.1
甚高频全向信标台（VOR）		9.3.2
公布的标准仪表进近程序		11.8.1
民用机场的仪表进近		11.8.2
仪表进近的雷达监控		11.8.4
从等待定位点的计时进近		11.8.5
盘旋进近		11.8.8
仪表进近程序的最低标准		11.8.9
复飞		11.8.10
着陆		11.8.11

训练内容

科目	标准	评分
地面		
○飞行准备	4	
○绕机目视检查	4	
○驾驶舱预先准备	4	
○驾驶舱准备	4	
○无线电通信	4	
○飞行仪表和导航设备	4	
○仪表座舱检查	4	
●开车和试车	4	
●离场程序和放行许可	4	
●指令抄收和复诵	4	
○起飞前检查	4	
本场		
●起飞	4	
●标准仪表离场程序	4	
● NDB 进近	3	
● VOR 进近	4	
● PBN 进近（如适用）	3	
●航向道进近	3	
●反航道进近	3	
●直线进近或盘旋进近着陆	3	
●复飞程序	4	
●停机关车	4	
●飞行后程序	4	

FTD13: 部分仪表进近（1:30）

项目	飞行前讲评	飞行后讲评	飞机带飞	FTD	单飞/机长
推荐时间	1:30	0:30		1:30	
总 时 间			60:00	17:00	10:00

本课目的
练习部分仪表的各种进近程序和方法。

进入条件
完成 FL42、FL43。

预习讲评内容

科目	飞机飞行指南	仪表飞行指南
部分仪表		7.2.1.3
公布的标准仪表进近程序		11.8.1
民用机场的仪表进近		11.8.2
雷达进近		11.8.3
仪表进近的雷达监控		11.8.4
从等待定位点的计时进近		11.8.5
平行跑道进近		11.8.6
平行进近机动		11.8.7
盘旋进近		11.8.8
仪表进近程序的最低标准		11.8.9
复飞		11.8.10

训练内容

科目	标准	评分
本场		
●部分仪表上升	3	
●部分仪表下降	3	
●部分仪表恒定下降率下降	3	
●部分仪表参考磁罗盘转弯	3	
●部分仪表标准转弯率转弯	3	
●标准仪表进场程序	3	
●部分仪表的进近程序	3	
●部分仪表复飞程序	3	
●仪表故障	4	

FL44：部分仪表进近（2:00）

项目	飞行前讲评	飞行后讲评	飞机带飞	FTD	单飞/机长
推荐时间	1:30	0:30	2:00		
总 时 间			62:00	17:00	10:00

本课目的
　　练习部分仪表的各种进近程序和方法。

进入条件
　　完成 FTD13。

预习讲评内容

科目	飞机飞行指南	仪表飞行指南
部分仪表		7.2.1.3
公布的标准仪表进近程序		11.8.1
民用机场的仪表进近		11.8.2
雷达进近		11.8.3
仪表进近的雷达监控		11.8.4
从等待定位点的计时进近		11.8.5
仪表进近程序的最低标准		11.8.9
复飞		11.8.10
着陆		11.8.11
飞机系统失效		12.3
气源系统故障		12.5

训练内容

科目	标准	评分
地面		
○飞行准备	4	
○绕机目视检查	4	
○驾驶舱预先准备	4	
○驾驶舱准备	4	
○无线电通信	4	
○飞行仪表和导航设备	4	
○仪表座舱检查	4	
●开车和试车	4	
●离场程序和放行许可	4	
●指令抄收和复诵	4	
○起飞前检查	4	
本场		
●起飞	4	
●标准仪表离场程序	4	
●标准仪表进场程序	3	
●部分仪表的进近程序	3	
●部分仪表复飞程序	3	
●复飞程序	4	
●停机关车	4	
●飞行后程序	4	
应急操作		
●姿态仪故障	3	
●航向指示器故障	3	

FTD14: GPS 导航及 RNP 飞行程序（2:00）

项目	飞行前讲评	飞行后讲评	飞机带飞	FTD	单飞/机长
推荐时间	1:30	0:30		2:00	
总 时 间			62:00	19:00	10:00

本课目的
了解现代先进导航技术，熟悉基本飞行程序。

进入条件
完成相应的地面课。

预习讲评内容

科目	飞机飞行指南	仪表飞行指南
多功能显示（MFD）		3.11.2
采用先进技术的系统		3.12
区域导航		9.3.4
先进技术		9.4

训练内容

科目	标准	评分
本场		
● RNP 离场程序（如适用）	4	
● GPS 导航	4	
● 标准仪表离场程序	4	
● RNP 进场程序（如适用）	3	
● RNAV(区域导航)进场程序(如适用)	3	
● RNP 进近和着陆（如适用）	3	

FL45：转场飞行（2:00）

项目	飞行前讲评	飞行后讲评	飞机带飞	FTD	单飞/机长
推荐时间	1:30	0:30	2:00		
总 时 间			64:00	19:00	10:00

本课目的
　　练习 IFR 转场飞行程序。

进入条件
　　完成 FTD14。

预习讲评内容

科目	飞机飞行指南	仪表飞行指南
航空决策（ADM）		1.16
航空决策制定的实施模型		1.17
危险态度及其解决方法		1.18
导航仪表系统检查		3.14
雷达导航（陆基）		9.9
在 ATC 协助下避让恶劣天气		10.5
进近管制中心		10.6
进近管制设备		10.7
管制顺序		10.8
IFR 飞行计划		11.3
IFR 飞行许可		11.4
IFR 飞行航路中程序		11.6

训练内容

科目	标准	评分
地面		
○飞行准备	4	
○绕机目视检查	4	
○驾驶舱预先准备	4	
○驾驶舱准备	4	
○转场飞行计划	4	
○无线电通信	4	
○飞行仪表和导航设备	4	
○仪表座舱检查	4	
●开车和试车	4	
●离场程序和放行许可	4	
●指令抄收和复诵	4	
○起飞前检查	4	
转场		
●起飞	4	
●标准仪表离场程序	4	
●航路飞行程序和许可	4	
●导航	4	
●计算 ETEs 和 ETAs	3	
●雷达服务	4	
●进场程序和许可	4	
●标准仪表进场程序	4	
●航向道进近	4	
●复飞程序	4	
●停机关车	4	
●飞行后程序	4	

FL46：长转场飞行（4:00）

项目	飞行前讲评	飞行后讲评	飞机带飞	FTD	单飞/机长
推荐时间	1:30	0:30	4:00		
总 时 间			68:00	19:00	10:00

本课目的

练习长 IFR 转场飞行程序。

注：本课是为了满足每门经批准的训练课程。

其应当包括下列飞行训练：

在飞机上至少完成一次总距离不少于 470 千米（250 海里）的仪表转场飞行，其中一个航段的起飞和着陆机场之间的直线距离至少为 150 千米（80 海里），在该次飞行的每个机场都应当进行仪表进近，至少完成三种不同的仪表进近，至少包括一种精密进近。

本课以完成长转场科目为目标，若完成科目时间达不到本课所设置时间，剩余时间将变为综合课（带飞）。

进入条件

完成 FTD14。

预习讲评内容

科目	飞机飞行指南	仪表飞行指南
导航仪表系统检查		3.14
雷达导航（陆基）		9.9
在 ATC 协助下避让恶劣天气		10.5
进近管制中心		10.6
进近管制设备		10.7
管制顺序		10.8
IFR 飞行计划		11.3
IFR 飞行许可		11.4
IFR 飞行航路中程序		11.6

训练内容

科目	标准	评分
地面		
○飞行准备	4	
○绕机目视检查	4	
○驾驶舱预先准备	4	
○驾驶舱准备	4	
○转场飞行计划	4	
○无线电通信	4	
○飞行仪表和导航设备	4	
○仪表座舱检查	4	
●开车和试车	4	
●离场程序和放行许可	4	
●指令抄收和复诵	4	
○起飞前检查	4	
转场		
●起飞	4	
●标准仪表离场程序	4	
●航路飞行程序和许可	4	
●导航	4	
●计算 ETEs 和 ETAs	4	
●雷达服务	4	
●进场程序和许可	4	
●标准仪表进场程序	4	
●NDB 进近	4	
●VOR 进近	4	
●ILS 进近	4	
●复飞程序	4	
●停机关车	4	
●飞行后程序	4	

FTD15：综合课（3:00）

项目	飞行前讲评	飞行后讲评	飞机带飞	FTD	单飞/机长
推荐时间	1:30	0:30		3:00	
总 时 间			68:00	22:00	10:00

本课目的
　　本课主要是在仪表等级阶段检查前，有针对性地训练学生仍然存在的问题。

进入条件
　　本阶段内阶段检查之前任何时间段内都可进行。

FL47: 阶段检查（2:00）

项目	飞行前讲评	飞行后讲评	飞机带飞	FTD	单飞/机长
推荐时间	1:30	0:30	2:00		
总 时 间			70:00	22:00	10:00

本课目的
本课主要是检查学生是否能在仪表条件下熟练完成仪表飞行科目及特情处置。

进入条件
完成本阶段所有课程。

训练内容
参见阶段检查工作单。

FL48: 综合课（4:00）

项目	飞行前讲评	飞行后讲评	飞机带飞	FTD	单飞/机长
推荐时间	1:30	0:30	4:00		
总 时 间			74:00	22:00	10:00

本课目的

　　本课主要是在仪表等级实践考试前，针对性地训练学生仍然存在的问题或仪表等级阶段检查不通过后的补充训练和补充检查。

进入条件

　　只能在本阶段内阶段检查之后可进行。

FL49: 实践考试（2:00）

项目	飞行前讲评	飞行后讲评	飞机带飞	FTD	单飞/机长
推荐时间	1:30	0:30	2:00		
总 时 间			76:00	22:00	10:00

本课目的
本课是仪表部分的最后一课，是学生获取局方签注的仪表等级，通向后续飞行训练的必要步骤。

进入条件
通过仪表阶段检查，完成所有综合课。

训练内容
参见实践考试工作单。

此页有意留白

第 4 章

多发陆地飞机商用驾驶员执照训练

此页有意留白

4.1 概述

本部分训练课程包括单发飞机和多发复杂飞机两个阶段。学生完成本部分第一阶段的训练后，没有设置单发商照实践考试，但在阶段检查时其水平应能达到商用驾驶员单发陆地相应科目实践考试标准的要求。学生完成第二阶段训练后，能够具备商用多发驾驶员相应的知识与技能，并满足实践考试标准的要求。

本阶段的重点在于对学生机长意识和能力的培养。无论是在带飞训练还是在学生机长训练时，都应着重培养学生作为机长的主动性和能力。同时，引导学生机长做出正确的操作和决断以减少人为差错、保证飞行安全，这也是本阶段的重点训练内容。

4.2 注册条件

学生应当持有飞机类别的私用驾驶员执照。

4.3 教学机组配置

在带飞训练时，要求教员在右座带飞，学生在左座接受训练。

在学生机长训练时，安排学生在右座执行配合工作。

在训练器飞行中，学生为操纵飞机的驾驶员，应当在左座实施飞行，教员或不操纵飞机的学生应当在右座执行工作任务。

4.4 课程时间安排表

课程时间安排见表 4.1 和 4.2。

表4.1 每课科目时间安排　　单位：h

阶段	地面课时间	训练课程	
		训练时间	
		训练器时间	飞行课时间
单发飞机阶段	32	5.0	81.0
多发复杂飞机阶段	14.5	8.0	26.0
实践考试	0	0	2.0
合计	46.5	13.0	109

表 4.2 每课科目时间安排　　单位：h

课程名称	训练时间	训练器时间	飞行课时间	带飞时间	单飞时间	机长时间	转场时间	仪表时间	夜航时间
FL50 本场带飞	1.5		1.5	1.5					
FL51 本场带飞	1.5		1.5	1.5					
FTD16 商用机动飞行	1	1		1					
FL52 商用机动飞行	1.5		1.5	1.5					
FL53 商用机动飞行	2		2	2					
FL54 螺旋	1.5		1.5	1.5					
FL55 应急操作	1.5		1.5	1.5					
FL56 应急操作	1.5		1.5	1.5				1	
FL57 仪表飞行	2		2	2				2	
FL58 仪表飞行	2		2	2				2	
FL59 本场带飞	2		2	2					
FL60 学生机长训练	2		2			2			
FL61 学生机长训练	2		2			2			
FL62 学生机长训练	2		2			2			
FL63 学生机长训练	2		2			2			
FL64 学生机长训练	2		2			2			

续表

课程名称	训练时间	训练器时间	飞行课时间	带飞时间	单飞时间	机长时间	转场时间	仪表时间	夜航时间
FL65 学生机长训练	2		2			2			
FL66 学生机长训练	3		3			3			
FL67 学生机长训练	3		3			3			
FL68 学生机长训练	3		3			3			
FL69 学生机长训练	3		3			3			
FL70 学生机长训练	4		4			4			
FL71 学生机长训练（转场飞行）	3		3			3	3		
FL72 学生机长训练（转场飞行）	3		3			3	3		
FL73 学生机长训练（转场飞行）	4		4			4	4		
FL74 学生机长训练	4		4			4			
FL75 学生机长训练	3		3			3			
FL76 学生机长训练	4		4			4			
FTD17 模拟场景训练	4	4		4					
FL77 综合课	9		9	9					
FL78 阶段检查	2		2			2			
FL79 综合课	4		4	4					
单发飞机阶段部分合计	86	5	81	35		51	10	5	
FTD18 介绍多发复杂飞机	1	1		1					
FTD19 本场空域	1	1		1					
FL80 本场空域	2		2	2				1	
FTD20 仪表进近	1	1		1					
FL81 仪表进近	2		2	2				2	
FTD21 多发应急操作	2.5	2.5		2.5					
FL82 多发应急操作	2		2	2				1	
FL83 昼间目视转场	2		2	2			2		
FL84 转场飞行	3		3			3	3		
FL85 长转场飞行	4		4			4	4		
FTD22 夜间本场	1	1		1					
FL86 夜间目视起落	2		2			2			2
FTD23 夜间应急操作	1.5	1.5		1.5					
FL87 夜间目视转场	3		3			3	3		3
FL88 夜间转场	2		2			2	2	1	
FL89 综合课	2		2	2					
FL90 阶段检查	2		2			2			
多发复杂飞机阶段小计	34	8	26	20		14	14	5	7
FL91 实践考试	2		2			2			
多发复杂飞机阶段合计	36	8	28	20		16	14	5	7
多发陆地飞机商用驾驶员执照部分合计	122	13	109	55		67	24	10	7

4.5 课程设计标准申明

4.5.1 航空知识训练

本部分课程满足每门经批准的训练课程应当至少包括 CCAR-61 部第 61.155 条要求的相应航空器等级的航空知识地面训练，训练时间至少 35 小时（共计 46.5 小时）。

4.5.2 飞行训练

本部分课程满足每门经批准的训练课程应当至少包括 CCAR-61 部第 61.157 条要求的相应航空器等级的飞行技能训练。训练时间至少如下：

（1）对于飞机类别等级，120 小时（共计 122 小时）。

（2）每门经批准的训练课程中至少应当包括下列飞行训练：

多发飞机课程

① 由授权教员提供的至少 55 小时飞行训练（共计 55 小时），该训练至少包括：

a. 10 小时仪表训练时间，其中至少 5 小时应当是在多发飞机上的飞行时间（FL80、FL81、FL82）。

b. 10 小时在具有可收放式起落架、襟翼和可操纵变距螺旋桨（或者涡轮动力）的多发飞机上的训练（共计 12 小时）。

c. 一次在多发飞机上至少 2 小时的昼间目视飞行规则转场飞行，距初始起飞点总直线距离至少 180 千米（100 海里）（FL83）。

d. 一次在多发飞机上至少 2 小时的夜间转场飞行，距初始起飞点总直线距离至少 180 千米（100 海里）（FL88）。

e. 3 小时在多发飞机上为准备实践考试进行的飞行训练，该训练应当在考试日期前 60 日内完成。

f. 对于没有单发等级的学员，5 小时特殊机动飞行训练，至少包括左右各三次的螺旋识别、进入和改出，大坡度盘旋、急盘旋下降、急上升转弯和懒 8 字机动飞行（FL52、FL53、FL54）。

② 10 小时在多发飞机上进行的单飞训练（或者担任机长的飞行训练）（共计 16 小时）和 50 小时在飞机上进行的单飞训练（或者担任机长的飞行训练）（共计 67 小时）。在多发飞机上进行的单飞训练（或者担任机长的飞行训练）应当至少包括：

a. 一次有至少 3 个着陆点的转场飞行，其中一个着陆点距初始起飞点的直线距离至少为 470 千米（250 海里）；或者至少 20 小时转场飞行（其中至少 10 小时在多发飞机上进行），包括一次在多发飞机上总距离至少 540 千米（300 海里）有两个着陆点的转场飞行，其中一个着陆点距初始起飞点的直线距离至少为 150 千米（80 海里）（FL71、FL72、FL73、FL84、FL85、FL87）。

b. 5 小时在有飞行管制塔台的机场实施的夜间目视飞行规则飞行，包括 10 次起飞和 10 次着陆，且每次着陆包含一次起落航线飞行（FL86、FL87）。

4.6 学生机长训练的说明

商照阶段为积累飞行经历，提高学生的综合能力，设计了大量的学生机长训练。这些机长训练课由于没有教员的带飞，相对来说自由度较大，难以严格按照课程内容完成。为了更好地发挥机长训练的作用，明确机组责任，使学生在行使机长职责的同时，得到更有目的性和计划性的锻炼，特将机长训练时共通的注意事项列出：

（1）教员须在进入学生机长训练前培养并确认学生具备独立完成以下工作的能力：

① 检查驾驶员证照和飞机证照是否带齐并放置妥当。了解并确定各种证照的权利、限制和有效期。了解飞机的使用情况和放行情况。检查航图等资料是否齐全、有效。

② 获取并正确识读天气报告，了解天气变化趋势和恶劣天气的影响。

③ 正确全面地进行飞行前飞机的内外部检查。

④ 明确飞机的性能和限制。除掌握飞行手册上的基本操纵性能数据和不同飞行状态下的限制参数外，要结合当天的天气和机场情况，做好遭遇不利天气、密度高度改变等情况时飞机性能变化的准备。

⑤ 明确机场、跑道和滑行道标志及灯光的作用。正确认读所飞机场的机场图和机场细则。根据飞行计划分析容易出现冲突的区域。

⑥ 着陆过程中出现可控偏差时的修正能力（建议依据学生的飞行能力，在机长训练前给学生明确其着陆可控偏差的范围，如交叉角的大小、位置偏离的多少等。一旦达到此偏差范围边界则应立即复飞）。

⑦ 较强的复飞/中断着陆的意识和安全执行复飞程序的能力。

⑧ 按照程序和检查单实施着陆后程序，注意观察和速度控制，明确短停和停机系留的操作。

⑨ 有一定的机组资源管理能力，能够顺利地进行机舱内外的信息交流沟通，正确管理机载设备，合理安排工作负荷，保持较好的处境意识，正确地处理风险。

（2）学生在执行机长训练前须向教员提交一份自己拟定的本次训练内容计划，并向教员简述实施要点和注意事项。

① 主计划：根据课程中列出本课的飞行时间，制订从推出检查至到位关车的流程安排和每个科目计划训练的时间。学生机长可以针对自己的掌握情况适当增减个别科目的练习时间。

② 备份计划：根据运行机场、天气情况、飞机密度和间隔调控等因素，制订备份计划，包括某科目不能实施时

的备份科目，或因天气突变或空管因素无法在目的地机场着陆时的备降计划等。

③ 实施要点和注意事项：各科目实施过程中可能出现的差错，容易出现地面和空中交通冲突的区域，无线电通信技巧，CRM（不同科目和飞行状态下的机组分工，工作负荷和信息管理，注意力分配），应急操作等。

（3）教员评估计划可行性并提出修改意见，通过后可交学生执行。

（4）实施过程。

① 由学生机长按照飞行计划实施训练。

② 右座机组成员除按照机组分工配合学生机长完成必需的工作外，还应记录飞行计划的变化情况、具体科目的实施情况、不同时段飞机工作情况和无线电通信中出现的问题等，以作为飞行后讲评的依据。

（5）飞行后讲评。

① 若学生机长训练右座为学生压座，应先由右座学生主讲，左座学生机长补充，教员依据实施过程中右座的记录材料进行总结。

② 若进行的是右座为教员的监视下学生机长训练（多发复杂飞机阶段），应先由学生机长主讲，教员依据实施过程中的记录材料进行总结。

③ 学生机长做最后陈述，教员提出下一课的要求。

4.7 地面教学提纲

单发飞机飞行阶段

阶段目的

本阶段学生将学习航空生理学、飞行决策和与商用飞行员相关的 CCAR 法规；学习复杂飞机操作、飞行性能计算和适用于复杂飞机的高级空气动力学以及商用飞行员所需的机动飞行科目。

完成标准

学生至少以 80 分通过阶段考试或商用飞行员执照理论考试。

GL45: 航空生理学（2:00）

教学资料

《飞行员航空理论教程》人为因素。

实施顺序

课程介绍；
课堂讨论。

课程目的

进一步熟悉影响昼夜间飞行操作的生理因素；
学习具有不利影响的生理因素。

教学内容

- ❏ 眼睛；
- ❏ 夜间视力；
- ❏ 夜间目视搜索；
- ❏ 视觉错觉；
- ❏ 运动错觉；
- ❏ 落地错觉；
- ❏ 闪光眩晕；
- ❏ 方向知觉的丧失；
- ❏ 错觉导致的方向知觉的丧失；
- ❏ 运动病；
- ❏ 呼吸；
- ❏ 组织缺氧；
- ❏ 缺氧的预防；
- ❏ 换气过度；
- ❏ 酒精，药物及其表现。

完成标准

学生掌握影响飞行员操作的生理因素，特别是视觉因素的知识，并通过教员的口头测试。

学习课程

《飞行员航空理论教程》飞行决策。

GL46: 飞行决策（2:00）

教学资料
《飞行员航空理论教程》飞行决策。

实施顺序
课程介绍；
课堂讨论。

课程目的
让学生掌握更多影响航空判断和决断的人为因素及机组资源管理原理的知识。

教学内容
- ❑ 飞行决策；
- ❑ 机组资源管理；
- ❑ 决断过程；
- ❑ 机长职责；
- ❑ 危险的态度；
- ❑ 通信；
- ❑ 资源使用；
- ❑ 工作负荷管理；
- ❑ 处境意识。

完成标准
学生掌握人为因素概念和机组资源管理原理及对飞行安全影响的知识，并通过教员的口头测试。

学习课程
CCAR/AIP 商用 CCAR 法规。

GL47: 商用航空法规（2:00）

教学资料
　《飞行员航空理论教程》区域，终端和航空图表；
　CCAR/AIP 商用 CCAR 法规。

实施顺序
　课程介绍；
　课堂讨论。

课程目的
　复习航空图表和 VFR 转场操作以及《飞行员航空理论教程》中的相关章节，介绍与商用飞行员权利、限制等运行相关的 CCAR 法规；
　学习安全法规和 CCAR-61 监察员手册部分。

教学内容
　复习
　　❑ 机场，空域和飞行信息，气象学；
　　❑ 航空图表；
　　❑ 领航术和推测领航；
　　❑ 航空生理学；
　　❑ 飞行中的判断和决断。

　法规部分
　　❑ CCAR 61；
　　❑ CCAR 91；
　　❑ 安全法规和 CCAR-61 监察员手册。

完成标准
　学生掌握 CCAR 法规、安全法规和 CCAR-61 监察员手册相关部分知识，并通过教员的口头测试。
　学生至少以 80 分完成问题的回答，教员应让学生回顾每个不正确的答案，以确保学生在进行阶段考试前完全掌握这些知识。

学习课程
　《飞行员航空理论教程》高性能动力设备。

GL48：高性能动力装置（2:00）

教学资料
　　《飞行员航空理论教程》高性能动力设备。

实施顺序
　　课程介绍和多媒体演示；
　　课堂讨论。

课程目的
　　理解燃油系统的组成和操作系统；
　　熟悉高性能发动机系统及其功能；
　　理解与螺旋桨俯仰操纵有关的概念和系统。

教学内容
　高性能动力设备
　　❑ 燃油喷射系统；
　　❑ 正常开车程序；
　　❑ 热发开车；
　　❑ 过富油开车；
　　❑ 发动机监控；
　　❑ 气缸头温度表和排气温度表；
　　❑ 反常燃烧；
　　❑ 进气道防冰。

　涡轮增压
　　❑ 涡轮增压原理；
　　❑ 系统操作；
　　❑ 高空性能。

　恒速螺旋桨
　　❑ 螺旋桨原理；
　　❑ 恒速螺旋桨操作；
　　❑ 动力操纵。

完成标准
　　学生掌握高性能动力装置的知识，并通过教员的口头测试；
　　学生至少以 80 分完成问题的回答，教员应让学生回顾每个不正确的答案，以确保学生在进入 GL49 的学习前完全掌握这些知识。

学习课程
　　《飞行员航空理论教程》环境和防冰控制系统。

GL49：环境和防冰控制系统（2:00）

教学资料
《飞行员航空理论教程》环境和防冰控制系统。

实施顺序
课程介绍和多媒体演示；
课堂讨论。

课程目的
理解飞行环境控制系统的操作；
掌握防冰系统的操作和限制的相关知识。

教学内容
氧气系统
- ❑ 连续通风；
- ❑ 混合供氧要求；
- ❑ 压力要求；
- ❑ 氧气储存与供应。

坐舱增压
- ❑ 增压及增压操作原理；
- ❑ 增压组成部分；
- ❑ 应急增压。

防冰控制系统
- ❑ 机翼防冰控制；
- ❑ 风挡防冰控制；
- ❑ 螺旋桨防冰控制；
- ❑ 其他防冰控制系统。

完成标准
学生掌握本课知识，并通过教员的口头测试；
学生至少以 80 分完成问题的回答，教员应让学生回顾每个不正确的答案，以确保学生在进入 GL50 的学习前完全掌握这些知识。

学习课程
《飞行员航空理论教程》起落架的收放。

GL50：可收放起落架（2:00）

教学资料
《飞行员航空理论教程》起落架的收放。

实施顺序
课程介绍和多媒体演示；
课堂讨论。

课程目的
理解可收放起落架系统的操作和限制。

教学内容：
- 起落架系统；
- 传动系统保险装置；
- 操作程序；
- 传动系统故障；
- 应急放起落架。

完成标准
学生掌握可收放起落架系统的知识，并通过教员的口头测试；
学生至少以 80 分完成问题的回答，教员应让学生回顾每个不正确的答案，以确保学生在进入 GL51 的学习前完全掌握这些知识。

学习课程
《飞行员航空理论教程》高级空气动力学。

GL51：高级空气动力学（2:00）

教学资料
《飞行员航空理论教程》高级空气动力学。

实施顺序
课程介绍；
课堂讨论。

课程目的
理解掌握高级空气动力学理论对飞机飞行特征与操作的影响。

教学内容
四个力对飞行的影响
- 升力；
- 力的平衡；
- 升力控制；
- 增升装置；
- 阻力；
- 诱导阻力；
- 寄生阻力；
- 地面效应；
- 拉力；
- 重量和载荷因素；
- V-g 图表。

飞机稳定性
- 稳定性；
- 纵向稳定性；
- 横向稳定性；
- 方向稳定性。

高级空气动力学和机动飞行
- 直线平飞；
- 上升；
- 下滑；
- 转弯；
- 失速和螺旋意识；
- 失速原因和类型；
- 失速识别和改出；
- 螺旋的原因和状态；
- 螺旋改出。

完成标准
学生掌握高级空气动力学的知识，并通过教员的口头测试；
学生至少以 80 分完成问题的回答，教员应让学生回顾每个不正确的答案，以确保学生在进入 GL52 的学习前完全掌握这些知识。

学习课程
《飞行员航空理论教程》飞行性能。

GL52: 飞行性能（2:00）

教学资料
《飞行员航空理论教程》飞行性能。

实施顺序
课程介绍；
课堂讨论。

课程目的
理解并掌握飞机性能和性能计算方法的知识。

教学内容
影响性能的因素
- 密度高度；
- 地面风；
- 重量；
- 跑道条件；
- 超过性能限制的后果。

飞行员操作手册
- 性能图表；
- 起飞图表；
- 上升性能图表；
- 巡航性能图表；
- 下降图表；
- 着陆距离图表；
- 下滑距离；
- 失速速度。

完成标准
学生掌握飞机性能知识，具有性能计算的能力，并通过教员的口头测试；
学生至少以 80 分完成问题的回答，教员应让学生回顾每个不正确的答案，以确保学生在进入 GL53 的学习前完全掌握这些知识。

学习课程
《飞行员航空理论教程》重量与平衡。

GL53：重量和平衡（2:00）

教学资料
《飞行员航空理论教程》重量与平衡。

实施顺序
　　课程介绍；
　　课堂讨论。

课程目的
　　掌握重量与平衡的重要性，理解其对飞机性能的影响；
　　学习重量与平衡的计算方法。

教学内容
　　❑ 重量与平衡限制；
　　❑ 重心限制；
　　❑ 重量与平衡的参考文件；
　　❑ 重量与平衡的计算；
　　❑ 重量与平衡的检查；
　　❑ 计算方法；
　　❑ 图表方法；
　　❑ 表格方法；
　　❑ 重心变化的计算。

完成标准
　　学生具有飞机重量与平衡的计算能力，理解飞行性能的影响，并通过教员的口头测试；
　　学生至少以 80 分完成问题的回答，教员应让学生回顾每个不正确的答案，以确保学生在进入 GL54 的学习前完全掌握这些知识。

学习课程
　　《飞行员航空理论教程》最大性能起飞和着陆。

GL54：最大性能起飞和着陆（2:00）

教学资料
《飞行员航空理论教程》最大性能起飞和着陆。

实施顺序
课程介绍和多媒体演示；
课堂讨论。

课程目的
理解最大性能起飞和着陆的程序，以及飞行性能对其的影响。

教学内容
松软跑道
- ❏ 松软跑道起飞和上升；
- ❏ 叙述/程序；
- ❏ 进近和着陆。

短跑道
- ❏ 短跑道起飞和最大性能上升；
- ❏ 叙述/程序；
- ❏ 进近和着陆；
- ❏ 落地后减速。

完成标准
学生掌握最大性能起飞和着陆程序的知识，并通过教员的口头测试；
学生至少以 80 分完成问题的回答，教员应让学生回顾每个不正确的答案，以确保学生在进入 GL55 的学习前完全掌握这些知识。

学习课程
《飞行员航空理论教程》大坡度盘旋 - 急上升转弯与特技飞行。

GL55：大坡度盘旋、急上升转弯与特技飞行（2:00）

教学资料
《飞行员航空理论教程》大坡度盘旋、急上升转弯与特技飞行。

实施顺序
课程介绍和多媒体演示；
课堂讨论。

课程目的
学习大坡度盘旋、急上升转弯和螺旋、失速等简单特技，提高机动飞行技能。

教学内容

大坡度盘旋
- ❏ 大坡度盘旋；
- ❏ 叙述/程序。

急上升转弯
- ❏ 急上升转弯；
- ❏ 叙述/程序。

特技飞行
- ❏ 螺旋；
- ❏ 失速；
- ❏ 叙述/程序。

完成标准
学生掌握大坡度盘旋、急上升转弯和螺旋、失速等简单特技的知识，并通过教员的口头测试；
学生至少以80分完成问题的回答，教员应让学生回顾每个不正确的答案，以确保学生在进入GL56的学习前完全掌握这些知识。

学习课程
《飞行员航空理论教程》懒8字、急盘旋下降和180°无功率精确进近和着陆。

GL56：懒 8 字、急盘旋下降和精确着陆（2:00）

教学资料
《飞行员航空理论教程》懒 8 字、急盘旋下降和 180° 无功率精确进近和着陆。

实施顺序
课程介绍和多媒体演示；
课堂讨论。

课程目的
学习懒 8 字、急盘旋下降的机动飞行知识；
学习商照阶段提高飞行技巧的机动飞行知识。

教学内容
懒 8 字
- ❏ 懒 8 字；
- ❏ 叙述 / 程序。

急盘旋下降
- ❏ 急盘旋下降；
- ❏ 叙述 / 程序。

180° 无功率精确进近和着陆
- ❏ 无功率精确进近和着陆；
- ❏ 叙述 / 程序。

完成标准
学生掌握懒 8 字、急盘旋下降和 180° 无功率精确进近和着陆的知识，并通过教员的口头测试；
学生至少以 80 分完成问题的回答，教员应让学生回顾每个不正确的答案，以确保学生在进入 GL57 的学习前完全掌握这些知识。

学习课程
《飞行员航空理论教程》应急程序。

GL57：应急程序（2:00）

教学资料
《飞行员航空理论教程》应急程序。

实施顺序
课程介绍；
课堂讨论。

课程目的
理解在 VFR 条件下飞行操作中的各种应急程序知识；
熟悉一些基本迫降程序，应急设备和救生工具。

教学内容
- 紧急下降；
- 紧急进近和着陆；
- 飞行中起火；
- 部分动力丧失；
- 飞行中舱门打开；
- 不对称襟翼；
- 应急设备和救生工具。

完成标准
学生掌握商用飞行员应急程序处置知识，并通过教员口头测试；
学生至少以 80 分完成问题的回答，教员应让学生回顾每个不正确的答案，以确保学生在进入 GL58 的学习前完全掌握这些知识。

学习课程
《飞行员航空理论教程》飞行决策。

GL58: 飞行决策（2:00）

教学资料
《飞行员航空理论教程》飞行决策。

实施顺序
　　课程介绍；
　　课堂讨论。

课程目的
　　理解和商用飞行操作的相关决策过程；
　　学习人为因素对航空决策的影响和怎样利用机组资源管理技巧保证飞行安全。

教学内容
　商用驾驶员飞行决策
　　❑ 商用操作；
　　❑ 应用决断的过程；
　　❑ 机组关系与机组资源管理；
　　❑ 危险姿态；
　　❑ 沟通及有效沟通的障碍；
　　❑ 资源利用；
　　❑ 内在的和外在的资源；
　　❑ 工作量管理；
　　❑ 计划和准备；
　　❑ 优先次序；
　　❑ 处境意识；
　　❑ 可控飞行撞地。

完成标准
　　学生掌握商用飞行决策的知识，并通过教员口头测试；
　　学生至少以 80 分完成问题的回答，教员应让学生回顾每个不正确的答案，以确保学生在进入阶段考试前完全掌握这些知识。

学习课程
　　复习——为阶段考试做准备。

GL59：阶段考试（1:30）

教学资料
《飞行员航空理论教程》相关章节。

实施顺序
    课程介绍；
    测试；
    评估。

课程目的
考核学生是否掌握高级飞机系统和性能，航空决策和其他《飞行员航空理论教程》中的相关知识内容。

考试内容
- ❏ 高性能动力装置；
- ❏ 环境和防冰控制系统；
- ❏ 可收放起落架；
- ❏ 高级空气动力学；
- ❏ 预知飞机的性能；
- ❏ 控制重量与平衡；
- ❏ 商用机动飞行；
- ❏ 应急程序；
- ❏ 商用驾驶员飞行决策。

完成标准
学生至少以 80 分通过阶段考试，在进行商照课程考试之前，教员应让学生回顾每个不正确的答案，以确保学生完全掌握这些知识。

学习课程
复习《飞行员航空理论教程》，为商照课程结束考试或 CAAC 商用飞行员执照理论考试做准备。

GL60：商用驾驶员课程结束或执照理论考试（2:30）

教学资料
《飞行员航空理论教程》相关章节。

实施顺序
课程介绍；
测试；
评估。

课程目的
课程结束考试，理解 CAAC 商用飞行员执照理论的全部内容。

考试内容
☐ 学生将完成一场全面的考核，条件具备时，此考试可以与 CAAC 商用飞行员执照理论考试相结合。

完成标准
学生至少以 80 分通过商照课程结束考试，或通过 CAAC 商用飞行员执照理论考试。

4.8 飞行训练提纲

单发飞机阶段

阶段目的

本阶段在对仪表飞行科目进行复习巩固的同时，通过各种商用机动飞行的训练，进一步提高学生的精确飞行操纵能力。综合练习，积累经验，使学生相应的知识和技能达到单发商用驾驶员的要求。

完成标准

完成本阶段训练后，学生能够熟练掌握各种商用机动飞行动作和程序，能够熟练完成所有单发商照要求的动作和程序，其完成标准达到单发商照实践考试标准的要求。

FL50：本场带飞（1:30）

项目	飞行前讲评	飞行后讲评	飞机带飞	FTD	单飞/机长
推荐时间	1:30	0:30	1:30		
总时间			77:30	22:00	10:00

本课目的
本课主要是让学生复习起落航线及应急程序。

进入条件
完成相应的地面课。

预习讲评内容

科目	飞机飞行指南	仪表飞行指南
侧风起飞	5.5	
湍流中的进近与着陆	8.5	
短跑道进近与着陆	8.6	
大坡度盘旋	9.1	
驾驶舱资源管理		1.14
航空决策（ADM）		1.16
采用先进技术的系统		3.12
系统故障	15.10	
飞机系统失效		12.3

训练内容

科目	标准	评分
地面		
○飞行准备	4	
○绕机目视检查	4	
○驾驶舱预先准备	4	
○驾驶舱准备	4	
○无线电通信和ATC灯光信号	4	
●检查单的使用	4	
●开车和试车	4	
●滑行	4	
●避让和防撞	4	
○起飞前检查	4	
本场		
●起落航线	4	
●正常和侧风条件下的起飞和爬升	4	
●进近速度飞行	4	
●目视观察和防撞	4	
●正常和侧风条件下的进近和着陆	4	
●复飞/中断着陆	4	
●着陆偏差	4	
●侧滑法着陆	4	
●小航线	3	
●停机关车	4	
●飞行后程序	4	
应急操作		
●襟翼故障	4	
●紧急进近和着陆（模拟）	4	

FL51：本场带飞（1:30）

项目	飞行前讲评	飞行后讲评	飞机带飞	FTD	单飞/机长
推荐时间	1:30	0:30	1:30		
总 时 间			79:00	22:00	10:00

本课目的
　　本课主要是让学生复习起落航线及应急程序。

进入条件
　　完成相应的地面课。

预习讲评内容

科目	飞机飞行指南	仪表飞行指南
侧风起飞	5.5	
湍流中的进近与着陆	8.5	
短跑道进近与着陆	8.6	
大坡度盘旋	9.1	
驾驶舱资源管理		1.14
航空决策（ADM）		1.16
采用先进技术的系统		3.12
系统故障	15.10	
飞机系统失效		12.3

训练内容

科目	标准	评分
地面		
○飞行准备	4	
○绕机目视检查	4	
○驾驶舱预先准备	4	
○驾驶舱准备	4	
○无线电通信和 ATC 灯光信号	4	
●检查单的使用	4	
●开车和试车	4	
●滑行	4	
●避让和防撞	4	
○起飞前检查	4	
本场		
●起落航线	4	
●正常和侧风条件下的起飞和爬升	4	
●进近速度飞行	4	
●目视观察和防撞	4	
●正常和侧风条件下的进近和着陆	4	
●复飞/中断着陆	4	
●着陆偏差	4	
●侧滑法着陆	4	
●小航线	3	
●停机关车	4	
●飞行后程序	4	
应急操作		
●襟翼故障	4	
●紧急进近和着陆（模拟）	4	

FTD16：商用机动飞行（1:00）

项目	飞行前讲评	飞行后讲评	飞机带飞	FTD	单飞/机长
推荐时间	1:30	0:30		1:00	
总时间			79:00	23:00	10:00

本课目的
　　本课主要是让学生在训练器上了解将要进入的商用机动飞行科目的实施方法、注意事项及如何特情处置。

进入条件
　　完成相应的地面课。

预习讲评内容

科目	飞机飞行指南	仪表飞行指南
失速意识	1.3.3	
驾驶舱管理	2.2	
小速度飞行	4.2	
失速	4.3	
中断起飞/引擎失效	5.9	
假设迫降	8.9	
急盘旋下降	9.2	
急上升转弯	9.3	
起飞后发动机失效（单发）	15.5	
飞行中起火	15.7	
发动机起火	15.7.1	
电气系统起火	15.7.2	
座舱起火	15.7.3	
起落架故障	15.9	
系统故障	15.10	
发动机仪表指示异常	15.11	
积冰		2.11
积冰类型		2.12
气象条件		11.9.2
遭遇突发雷暴		12.2.1
突发的结冰危害		12.2.2
交流发电机/发电机故障		12.3.2
交流发电机/发电机失效对电子飞行仪表的影响		12.3.4
分析仪表故障		12.4

训练内容

科目	标准	评分
空域		
● 急盘旋下降	3	
● 急上升转弯	3	
● 小速度飞行	3	
● 无功率失速	3	
● 带功率失速	3	
● 仪表不正常状态改出	3	
应急操作		
● 低燃油供应	3	
● 飞行中失火	3	
● 其他系统故障	3	
● 无线电设备故障	3	
● 应急和救生设备	3	
● 姿态仪故障、航向指示器故障	3	
● 紧急下降	3	

FL52: 商用机动飞行（1:30）

项目	飞行前讲评	飞行后讲评	飞机带飞	FTD	单飞/机长
推荐时间	1:30	0:30	1:30		
总 时 间			80:30	23:00	10:00

本课目的

进行商用机动飞行和小速度飞行，以进一步提高学生在接近飞机性能极限时的飞行技能，练习飞行各阶段的失速和改出。

注：本课是为了满足每门经批准的训练课程中至少应当包括下列飞行训练。

多发飞机课程。

由授权教员提供的至少 55 小时飞行训练，该训练至少包括：

对于没有单发等级的学员，5 小时特殊机动飞行训练，至少包括左右各三次的螺旋识别、进入和改出，大坡度盘旋、急盘旋下降、急上升转弯和懒 8 字机动飞机。

进入条件

完成相应的地面课。

预习讲评内容

科目	飞机飞行指南	仪表飞行指南
爬升和爬升转弯	3.10	
失速	4.3	
失速特性	4.3.1.2	
接近失速（初始失速）——带功率或无功率	4.3.3	
正常起飞程序	5.4	
侧风起飞	5.5	
基础 8 字飞行	6.7	
非正常姿态和改出		6.6
相关法规	1.2	
停机	2.10	
关车	2.11	
飞行后操作	2.12	
固定和维护	2.13	
小速度飞行	4.2	
参考地面的机动目的和范围	6.1	
以地面物体为参照的机动飞行	6.2	
偏流和地面航迹控制	6.3	
处境意识		12.9
急盘旋下降	9.2	
急上升转弯	9.3	

训练内容

科目	标准	评分
地面		
○飞行准备	4	
○绕机目视检查	4	
○驾驶舱预先准备	4	
○驾驶舱准备	4	
○无线电通信和 ATC 灯光信号	4	
○飞行仪表和导航设备	4	
●开车和试车	4	
●离场程序和放行许可	4	
●指令抄收和复诵	4	
○起飞前检查	4	
本场		
●起飞	4	
●离场和爬升	4	
●大坡度盘旋	3	
●急上升转弯	3	
●急盘旋下降	3	
●懒 8 字	2	
●小速度飞行	3	
●无功率失速	3	
●带功率失速	3	
●演示二次失速	1	
●演示加速失速	1	
●演示交叉控制失速	1	
●演示升降舵配平失速	1	
●部分仪表不正常状态改出	4	
●停机关车	4	
●飞行后程序	4	

FL53：商用机动飞行（2:00）

项目	飞行前讲评	飞行后讲评	飞机带飞	FTD	单飞/机长
推荐时间	1:30	0:30	2:00		
总 时 间			82:30	23:00	10:00

本课目的

进行商用机动飞行和小速度飞行，以进一步提高学生在接近飞机性能极限时的飞行技能，练习飞行各阶段的失速和改出。

注：本课是为了满足每门经批准的训练课程中至少应当包括下列飞行训练。

多发飞机课程。

由授权教员提供的至少 55 小时飞行训练，该训练至少包括：

对于没有单发等级的学员，5 小时特殊机动飞行训练，至少包括左右各三次的螺旋识别、进入和改出，大坡度盘旋、急盘旋下降、急上升转弯和懒 8 字机动飞机。

进入条件

完成相应的地面课。

预习讲评内容

科目	飞机飞行指南	仪表飞行指南
爬升和爬升转弯	3.10	
失速	4.3	
失速特性	4.3.1.2	
接近失速（初始失速）——带功率或无功率	4.3.3	
正常起飞程序	5.4	
侧风起飞	5.5	
基础 8 字飞行	6.7	
非正常姿态和改出		6.6
相关法规	1.2	
停机	2.10	
关车	2.11	
飞行后操作	2.12	
固定和维护	2.13	
小速度飞行	4.2	
参考地面的机动目的和范围	6.1	
以地面物体为参照的机动飞行	6.2	
偏流和地面航迹控制	6.3	
处境意识		12.9
急盘旋下降	9.2	
急上升转弯	9.3	

训练内容

科目	标准	评分
地面		
○飞行准备	4	
○绕机目视检查	4	
○驾驶舱预先准备	4	
○驾驶舱准备	4	
○无线电通信和 ATC 灯光信号	4	
○飞行仪表和导航设备	4	
●开车和试车	4	
●离场程序和放行许可	4	
●指令抄收和复诵	4	
○起飞前检查	4	
本场		
●起飞	4	
●离场和爬升	4	
●大坡度盘旋	3	
●急上升转弯	3	
●急盘旋下降	3	
●懒 8 字	2	
●小速度飞行	3	
●无功率失速	3	
●带功率失速	3	
●演示二次失速	1	
●演示加速失速	1	
●演示交叉控制失速	1	
●演示升降舵配平失速	1	
●部分仪表不正常状态改出	4	
●停机关车	4	
●飞行后程序	4	

FL54：螺旋（1:30）

项目	飞行前讲评	飞行后讲评	飞机带飞	FTD	单飞/机长
推荐时间	1:30	0:30	1:30		
总 时 间			84:00	23:00	10:00

本课目的

让学生了解与螺旋相关的空气动力学因素，使其具备螺旋警觉意识并能改出意外进入的螺旋。

注：本课是为了满足每门经批准的训练课程中至少应当包括下列飞行训练。

多发飞机课程。

由授权教员提供的至少 55 小时飞行训练，该训练至少包括：

对于没有单发等级的学员，5 小时特殊机动飞行训练，至少包括左右各三次的螺旋识别、进入和改出，大坡度盘旋、急盘旋下降、急上升转弯和懒 8 字机动飞行。

进入条件

完成相应的地面课。

预习讲评内容

科目	飞机飞行指南	仪表飞行指南
相关法规	1.2	
操纵装置的使用和效果	3.2	
飞机复杂状态的定义	4.1	
小速度飞行	4.2	
失速	4.3	
接近失速（初始失速）——带功率或无功率	4.3.3	
螺旋程序	4.3.4.1	
螺旋相关的重量与平衡要求	4.3.4.7	
短跑道起飞和最大性能爬升	5.7	
短跑道进近与着陆	8.6	
航空决策（ADM）		1.16
航空决策制定的实施模型		1.17
危险态度及其解决方法		1.18
急盘旋下降	9.2	

训练内容

科目	标准	评分
地面		
○飞行准备	4	
○绕机目视检查	4	
○驾驶舱预先准备	4	
○驾驶舱准备	4	
○无线电通信和 ATC 灯光信号	4	
○飞行仪表和导航设备	4	
●开车和试车	4	
●离场程序和放行许可	4	
●指令抄收和复诵	4	
本场		
●起飞	4	
●离场和爬升	4	
●对螺旋的警觉意识	3	
●左右不同方向进入螺旋	3	
●左右不同方向改出螺旋	3	
●停机关车	4	
●飞行后程序	4	

提 示

对于进行螺旋教学的飞行教员，还应满足下列要求之一：

（1）在实施螺旋教学前 3 个日历月内，有过螺旋教学的经历，或者：

（2）在实施螺旋教学前 1 个月内，在具有实施螺旋教学资格的飞行教员监控下，完成至少 5 个螺旋识别、进入和改出训练。

FL55：应急操作（1:30）

项目	飞行前讲评	飞行后讲评	飞机带飞	FTD	单飞/机长
推荐时间	1:30	0:30	1:30		
总时间			85:30	23:00	10:00

本课目的
本课主要是让学生掌握在将要进入的学生机长训练实施过程中，可能遇到特殊情况的处置。

进入条件
完成相应的地面课。

预习讲评内容

科目	飞机飞行指南	仪表飞行指南
失速	4.3	
起飞后发动机失效（单发）	15.5	
飞行中起火	15.7	
起落架故障	15.9	
系统故障	15.10	
发动机仪表指示异常	15.11	
分析仪表故障		12.4
紧急下降	15.6	
紧急着陆	15.2	
飞机操纵机构故障、失效	15.8	
通信导航系统故障		12.7

训练内容

科目	标准	评分
地面		
○飞行准备	4	
○绕机目视检查	4	
○驾驶舱预先准备	4	
○驾驶舱准备	4	
○无线电通信和ATC灯光信号	4	
○飞行仪表和导航设备	4	
●开车和试车	4	
●离场程序和放行许可	4	
●指令抄收和复诵	4	
○起飞前检查	4	
本场		
●起飞	4	
●离场和爬升	4	
●襟翼故障	4	
●姿态仪故障、航向指示器故障	3	
●无线电设备故障	3	
●模拟起飞后发动机失效	3	
●紧急进近和着陆	3	
●飞行中模拟发动机失火	3	
●停机关车	4	
●飞行后程序	4	

FL56：应急操作（1:30）

项目	飞行前讲评	飞行后讲评	飞机带飞	FTD	单飞/机长
推荐时间	1:30	0:30	1:30		
总 时 间			87:00	23:00	10:00

本课目的
　　本课主要是让学生掌握在将要进入的学生机长训练实施过程中，可能遇到特殊情况的处置。

进入条件
　　完成相应的地面课。

预习讲评内容

科目	飞机飞行指南	仪表飞行指南
起飞后发动机失效（单发）	15.5	
飞行中起火	15.7	
起落架故障	15.9	
系统故障	15.10	
发动机仪表指示异常	15.11	
紧急情况	15.1	
分析仪表故障		12.4
紧急着陆	15.2	
短跑道起飞和最大性能爬升	5.7	
复飞	11.8.10	

训练内容

科目	标准	评分
地面		
〇飞行准备	4	
〇绕机目视检查	4	
〇驾驶舱预先准备	4	
〇驾驶舱准备	4	
〇无线电通信和ATC灯光信号	4	
〇飞行仪表和导航设备	4	
●开车和试车	4	
●离场程序和放行许可	4	
●指令抄收和复诵	4	
〇起飞前检查	4	
本场		
●短跑道起飞和最佳性能爬升	4	
●紧急进近和着陆（模拟）	3	
●180°无功率精确进近和着陆	3	
●紧急下降	3	
●应急和救生设备	4	
●复飞/中断着陆	4	
●停机关车	4	
●飞行后程序	4	

FL57：仪表飞行（2:00）

项目	飞行前讲评	飞行后讲评	飞机带飞	FTD	单飞/机长
推荐时间	1:30	0:30	2:00		
总时间			89:00	23:00	10:00

本课目的
了解现代先进导航技术，熟悉基本飞行程序。

进入条件
完成相应的地面课。

预习讲评内容

科目	飞机飞行指南	仪表飞行指南
多功能显示（MFD）		3.11.2
采用先进技术的系统		3.12
区域导航（RNAV）		9.3.4
全球导航卫星系统（GNSS）		9.4.1
全球定位系统（GPS）		9.4.2
差分全球定位系统（DGPS）		9.4.3
标准仪表离场		11.5.1
公布的标准仪表进近程序		11.8.1
GPS 最近机场功能		12.8
使用 PFD 查询最近机场		12.8.1
使用 MFD 确定最近机场		12.8.2

训练内容

科目	标准	评分
地面		
○飞行准备	4	
○绕机目视检查	4	
○驾驶舱预先准备	4	
○驾驶舱准备	4	
○无线电通信和 ATC 灯光信号	4	
○飞行仪表和导航设备	4	
○仪表座舱检查	4	
●开车和试车	4	
●离场程序和放行许可	4	
●指令抄收和复诵	4	
本场		
●起飞	4	
●标准仪表离场程序	4	
● RNAV 离场程序（如适用）	3	
●标准仪表进场程序	3	
● RNAV 进场程序（如适用）	3	
●停机关车	4	
●飞行后程序	4	

FL58：仪表飞行（2:00）

项目	飞行前讲评	飞行后讲评	飞机带飞	FTD	单飞/机长
推荐时间	1:30	0:30	2:00		
总 时 间			91:00	23:00	10:00

本课目的
了解现代先进导航技术，熟悉基本飞行程序。

进入条件
完成相应的地面课。

预习讲评内容

科目	飞机飞行指南	仪表飞行指南
多功能显示（MFD）		3.11.2
采用先进技术的系统		3.12
区域导航（RNAV）		9.3.4
全球导航卫星系统（GNSS）		9.4.1
全球定位系统（GPS）		9.4.2
差分全球定位系统（DGPS）		9.4.3
标准仪表离场		11.5.1
公布的标准仪表进近程序		11.8.1
GPS最近机场功能		12.8
使用PFD查询最近机场		12.8.1
使用MFD确定最近机场		12.8.2

训练内容

科目	标准	评分
地面		
○飞行准备	4	
○绕机目视检查	4	
○驾驶舱预先准备	4	
○驾驶舱准备	4	
○无线电通信和ATC灯光信号	4	
○飞行仪表和导航设备	4	
○仪表座舱检查	4	
●开车和试车	4	
●离场程序和放行许可	4	
●指令抄收和复诵	4	
本场		
●起飞	4	
●标准仪表离场程序	4	
●RNAV离场程序（如适用）	3	
●GPS导航	4	
●标准仪表进场程序	3	
●RNAV进场程序（如适用）	3	
●停机关车	4	
●飞行后程序	4	

FL59：本场带飞（2:00）

项目	飞行前讲评	飞行后讲评	飞机带飞	FTD	单飞/机长
推荐时间	1:30	0:30	2:00		
总 时 间			93:00	23:00	10:00

本课目的
　　本课是学生机长训练前的检查。

进入条件
　　完成相应的地面课。

预习讲评内容

科目	飞机飞行指南	仪表飞行指南
相关法规	1.2	
驾驶舱管理	2.2	
地面运行	2.3	
起飞前检查	2.7	
着陆后	2.8	
脱离跑道后	2.9	
四个基本飞行机动	3.1	
起飞前准备	5.3	
正常起飞程序	5.4	
起飞中的地面效应	5.6	
进近与着陆中的偏差	8.10	

训练内容

科目	标准	评分
地面		
○飞行准备	4	
○绕机目视检查	4	
○驾驶舱预先准备	4	
○驾驶舱准备	4	
○ATIS 的使用	4	
○无线电通信和 ATC 灯光信号	4	
●检查单的使用	4	
●开车和试车	4	
●滑行	4	
●避让和防撞	4	
○机场跑道、滑行道的标志和灯光	4	
○起飞前检查	4	
○防止跑道入侵	4	
本场		
●起落航线	4	
●正常和侧风条件下的起飞和爬升	4	
●目视观察和防撞	4	
●正常和侧风条件下的进近和着陆	4	
●停机关车	4	
●飞行后程序	4	

FL60: 学生机长训练（2:00）

项目	飞行前讲评	飞行后讲评	飞机带飞	FTD	单飞/机长
推荐时间	1:30	0:30			2:00
总 时 间			93:00	23:00	12:00

本课目的
积累学生机长经历，复习、巩固商用单发阶段训练的科目。

进入条件
完成相应的地面课。

由学生机长制订飞行计划，报责任教师审核、批准后执行。

预习讲评内容

科目	飞机飞行指南	仪表飞行指南

训练内容

科目	正常	不正常

FL61：学生机长训练（2:00）

项目	飞行前讲评	飞行后讲评	飞机带飞	FTD	单飞/机长
推荐时间	1:30	0:30			2:00
总时间			93:00	23:00	14:00

本课目的
积累学生机长经历，复习、巩固商用单发阶段训练的科目。

进入条件
完成相应的地面课。

由学生机长制订飞行计划，报责任教师审核、批准后执行。

预习讲评内容

科目	飞机飞行指南	仪表飞行指南

训练内容

科目	正常	不正常

FL62：学生机长训练（2:00）

项目	飞行前讲评	飞行后讲评	飞机带飞	FTD	单飞/机长
推荐时间	1:30	0:30			2:00
总时间			93:00	23:00	16:00

本课目的
积累学生机长经历，复习、巩固商用单发阶段训练的科目。

进入条件
完成相应的地面课。

由学生机长制订飞行计划，报责任教师审核、批准后执行。

预习讲评内容

科目	飞机飞行指南	仪表飞行指南

训练内容

科目	正常	不正常

FL63: 学生机长训练（2:00）

项目	飞行前讲评	飞行后讲评	飞机带飞	FTD	单飞/机长
推荐时间	1:30	0:30			2:00
总时间			93:00	23:00	18:00

本课目的

积累学生机长经历，复习、巩固商用单发阶段训练的科目。

进入条件

完成相应的地面课。

由学生机长制订飞行计划，报责任教师审核、批准后执行。

预习讲评内容

科目	飞机飞行指南	仪表飞行指南

训练内容

科目	正常	不正常

FL64：学生机长训练（2:00）

项目	飞行前讲评	飞行后讲评	飞机带飞	FTD	单飞/机长
推荐时间	1:30	0:30			2:00
总 时 间			93:00	23:00	20:00

本课目的
积累学生机长经历，复习、巩固商用单发阶段训练的科目。

进入条件
完成相应的地面课。

由学生机长制订飞行计划，报责任教师审核、批准后执行。

预习讲评内容

科目	飞机飞行指南	仪表飞行指南

训练内容

科目	正常	不正常

FL65: 学生机长训练（2:00）

项目	飞行前讲评	飞行后讲评	飞机带飞	FTD	单飞/机长
推荐时间	1:30	0:30			2:00
总 时 间			93:00	23:00	22:00

本课目的

积累学生机长经历，复习、巩固商用单发阶段训练的科目。

进入条件

完成相应的地面课。

由学生机长制订飞行计划，报责任教师审核、批准后执行。

预习讲评内容

科目	飞机飞行指南	仪表飞行指南

训练内容

科目	正常	不正常

FL66: 学生机长训练（3:00）

项目	飞行前讲评	飞行后讲评	飞机带飞	FTD	单飞／机长
推荐时间	1:30	0:30			3:00
总 时 间			93:00	23:00	25:00

本课目的
积累学生机长经历，复习、巩固商用单发阶段训练的科目。

进入条件
完成相应的地面课。

由学生机长制订飞行计划，报责任教师审核、批准后执行。

预习讲评内容		
科目	飞机飞行指南	仪表飞行指南

训练内容		
科目	正常	不正常

FL67: 学生机长训练（3:00）

项目	飞行前讲评	飞行后讲评	飞机带飞	FTD	单飞/机长
推荐时间	1:30	0:30			3:00
总 时 间			93:00	23:00	28:00

本课目的
积累学生机长经历，复习、巩固商用单发阶段训练的科目。

进入条件
完成相应的地面课。

由学生机长制订飞行计划，报责任教师审核、批准后执行。

预习讲评内容

科目	飞机飞行指南	仪表飞行指南

训练内容

科目	正常	不正常

FL68：学生机长训练（3:00）

项目	飞行前讲评	飞行后讲评	飞机带飞	FTD	单飞/机长
推荐时间	1:30	0:30			3:00
总 时 间			93:00	23:00	31:00

本课目的
积累学生机长经历，复习、巩固商用单发阶段训练的科目。

进入条件
完成相应的地面课。

由学生机长制订飞行计划，报责任教师审核、批准后执行。

预习讲评内容

科目	飞机飞行指南	仪表飞行指南

训练内容

科目	正常	不正常

FL69: 学生机长训练（3:00）

项目	飞行前讲评	飞行后讲评	飞机带飞	FTD	单飞/机长
推荐时间	1:30	0:30			3:00
总 时 间			93:00	23:00	34:00

本课目的
积累学生机长经历，复习、巩固商用单发阶段训练的科目。

进入条件
完成相应的地面课。

由学生机长制订飞行计划，报责任教师审核、批准后执行。

预习讲评内容

科目	飞机飞行指南	仪表飞行指南

训练内容

科目	正常	不正常

FL70：学生机长训练（4:00）

项目	飞行前讲评	飞行后讲评	飞机带飞	FTD	单飞/机长
推荐时间	1:30	0:30			4:00
总 时 间			93:00	23:00	38:00

本课目的
积累学生机长经历，复习、巩固商用单发阶段训练的科目。

进入条件
完成相应的地面课。

由学生机长制订飞行计划，报责任教师审核、批准后执行。

预习讲评内容

科目	飞机飞行指南	仪表飞行指南

训练内容

科目	正常	不正常

FL71：学生机长训练（转场飞行）（3:00）

项目	飞行前讲评	飞行后讲评	飞机带飞	FTD	单飞/机长
推荐时间	1:30	0:30			3:00
总 时 间			93:00	23:00	41:00

本课目的

积累学生机长经历，复习、巩固商用单发阶段训练的科目。

注：本课是为了满足10小时在多发飞机上进行的单飞训练（或者担任机长的飞行训练）和50小时在飞机上进行的单飞训练（或者担任机长的飞行训练）。

在多发飞机上进行的单飞训练（或者担任机长的飞行训练）应当至少包括：

一次有至少3个着陆点的转场飞行，其中一个着陆点距初始起飞点的直线距离至少为470千米（250海里）；或者至少20小时转场飞行（其中至少10小时在多发飞机上进行），包括一次在多发飞机上总距离至少540千米（300海里）有两个着陆点的转场飞行，其中一个着陆点距初始起飞点的直线距离至少为150千米（80海里）。

进入条件

完成相应的地面课。

由学生机长制订飞行计划，报责任教师审核、批准后执行。

预习讲评内容

科目	飞机飞行指南	仪表飞行指南

训练内容

科目	正常	不正常

FL72：学生机长训练（转场飞行）（3:00）

项目	飞行前讲评	飞行后讲评	飞机带飞	FTD	单飞/机长
推荐时间	1:30	0:30			3:00
总 时 间			93:00	23:00	44:00

本课目的

积累学生机长经历，复习、巩固商用单发阶段训练的科目。

注：本课是为了满足 10 小时在多发飞机上进行的单飞训练（或者担任机长的飞行训练）和 50 小时在飞机上进行的单飞训练（或者担任机长的飞行训练）。

在多发飞机上进行的单飞训练（或者担任机长的飞行训练）应当至少包括：

一次有至少 3 个着陆点的转场飞行，其中一个着陆点距初始起飞点的直线距离至少为 470 千米（250 海里）；或者至少 20 小时转场飞行（其中至少 10 小时在多发飞机上进行），包括一次在多发飞机上总距离至少 540 千米（300 海里）有两个着陆点的转场飞行，其中一个着陆点距初始起飞点的直线距离至少为 150 千米（80 海里）。

进入条件

完成相应的地面课。

由学生机长制订飞行计划，报责任教师审核、批准后执行。

预习讲评内容

科目	飞机飞行指南	仪表飞行指南

训练内容

科目	正常	不正常

FL73: 学生机长训练（转场飞行）（4:00）

项目	飞行前讲评	飞行后讲评	飞机带飞	FTD	单飞/机长
推荐时间	1:30	0:30			4:00
总时间			93:00	23:00	48:00

本课目的

积累学生机长经历，复习、巩固商用单发阶段训练的科目。

注：本课是为了满足10小时在多发飞机上进行的单飞训练（或者担任机长的飞行训练）和50小时在飞机上进行的单飞训练（或者担任机长的飞行训练）。

在多发飞机上进行的单飞训练（或者担任机长的飞行训练）应当至少包括：

一次有至少3个着陆点的转场飞行，其中一个着陆点距初始起飞点的直线距离至少为470千米（250海里）；或者至少20小时转场飞行（其中至少10小时在多发飞机上进行），包括一次在多发飞机上总距离至少540千米（300海里）有两个着陆点的转场飞行，其中一个着陆点距初始起飞点的直线距离至少为150千米（80海里）。

进入条件

完成相应的地面课。

由学生机长制订飞行计划，报责任教师审核、批准后执行。

预习讲评内容

科目	飞机飞行指南	仪表飞行指南

训练内容

科目	正常	不正常

FL74：学生机长训练（4:00）

项目	飞行前讲评	飞行后讲评	飞机带飞	FTD	单飞/机长
推荐时间	1:30	0:30			4:00
总时间			93:00	23:00	52:00

本课目的

积累学生机长经历，复习、巩固商用单发阶段训练的科目。

进入条件

完成相应的地面课。

由学生机长制订飞行计划，报责任教师审核、批准后执行。

预习讲评内容

科目	飞机飞行指南	仪表飞行指南

训练内容

科目	正常	不正常

FL75: 学生机长训练（3:00）

项目	飞行前讲评	飞行后讲评	飞机带飞	FTD	单飞/机长
推荐时间	1:30	0:30			3:00
总 时 间			93:00	23:00	55:00

本课目的
积累学生机长经历，复习、巩固商用单发阶段训练的科目。

进入条件
完成相应的地面课。

由学生机长制订飞行计划，报责任教师审核、批准后执行。

预习讲评内容

科目	飞机飞行指南	仪表飞行指南

训练内容

科目	正常	不正常

FL76: 学生机长训练（4:00）

项目	飞行前讲评	飞行后讲评	飞机带飞	FTD	单飞/机长
推荐时间	1:30	0:30			4:00
总时间			93:00	23:00	59:00

本课目的

积累学生机长经历，复习、巩固商用单发阶段训练的科目。

进入条件

完成相应的地面课。

由学生机长制订飞行计划，报责任教师审核、批准后执行。

预习讲评内容

科目	飞机飞行指南	仪表飞行指南

训练内容

科目	正常	不正常

FTD17：模拟场景训练（4:00）

项目	飞行前讲评	飞行后讲评	飞机带飞	FTD	单飞/机长
推荐时间	1:30	0:30		4:00	
总时间			93:00	27:00	59:00

本课目的
结合"教员资质能力提升培训课程"，提高学生的核心飞行能力。

进入条件
完成相应的地面课。

FTD 模拟场景训练
仪表进近。

预习讲评内容

科目	威胁与差错手册
威胁与差错管理概要	1.1
TEM 模型的构成	3.1
威胁的定义	4.1
威胁举例	4.7
差错举例	5.5
非预期航空器状态	6.1
非预期航空器状态举例	6.4
TEM 概览	Unit1
TEM 飞机地面操作和飞行前操作	Unit2
TEM 起飞	Unit3
TEM 爬升	Unit4
TEM 下降	Unit6
TEM 进近	Unit7
TEM 着陆	Unit8
TEM 落地后飞行后操纵	Unit9

训练内容

	科目	科目完成
	地面	
1	飞行准备	
2	飞机外部检查	
3	驾驶舱准备	
4	本场及空域飞行无线电通信	
5	起动发动机	
6	滑行到试车点（如需要）	
7	试车	
8	起飞简述	
	起飞和离场	
9	起飞（侧风起飞）	
10	标准仪表进场（STAR）	
	本场（仪表）	
11	仪表进近	
12	复飞	
13	着陆	
14	滑行	
15	飞行后程序	
16	完成文档填写	

转场。

预习讲评内容

科目	威胁与差错手册
威胁与差错管理概要	1.1
TEM 模型的构成	3.1
威胁的定义	4.1
威胁举例	4.7
差错举例	5.5
非预期航空器状态	6.1
非预期航空器状态举例	6.4
TEM 概览	Unit1
TEM 飞机地面操作和飞行前操作	Unit2
TEM 起飞	Unit3
TEM 爬升	Unit4
TEM 下降	Unit6
TEM 进近	Unit7
TEM 着陆	Unit8
TEM 落地后飞行后操纵	Unit9

训练内容

科目		科目完成
地面		
1	飞行准备	
2	飞机外部检查	
3	驾驶舱准备	
4	本场及空域飞行无线电通信	
5	起动发动机	
6	滑行到试车点（如需要）	
7	试车	
8	起飞简述	
起飞和离场		
9	起飞（侧风起飞）	
10	标准仪表离场程序（SID）	
转场		
11	预防和避免相撞	
12	位置意识	
13	无线电领航	
14	推测领航	
15	改航/迷航程序	
16	绕航天气	
17	任意典型故障	
18	下降	
10	标准仪表进场（STAR）	
20	仪表进近	
21	复飞	
22	燃油和时间管理	
23	备降（如可能）	
24	着陆	
25	滑行	

FL77：综合课（9:00）

项目	飞行前讲评	飞行后讲评	飞机带飞	FTD	单飞/机长
推荐时间	1:30	0:30	9:00		
总 时 间			102:00	27:00	59:00

本课目的
本课主要复习商用单发飞行阶段的科目。

进入条件
本阶段内任何时间段内都可进行。

FL78：阶段检查（2:00）

项目	飞行前讲评	飞行后讲评	飞机带飞	FTD	单飞/机长
推荐时间	1:30	0:30			2:00
总时间			102:00	27:00	61:00

本课目的
　　本课主要是检查学生是否能够熟练完成所有单发商照要求的动作和程序，达到单发商照实践考试标准的要求。

进入条件
　　完成本阶段所有课程。

训练内容
　　参见阶段检查工作单。

FL79: 综合课（4:00）

项目	飞行前讲评	飞行后讲评	飞机带飞	FTD	单飞/机长
推荐时间	1:30	0:30	4:00		
总 时 间			106:00	27:00	61:00

本课目的
本课程主要是在复习商用单发飞行阶段的科目。

进入条件
本阶段内阶段检查之后可进行。

此页有意留白

4.9 地面教学提纲

多发复杂飞机飞行阶段

阶段目的

在本阶段中，学生将熟悉多发飞机，训练安排和人的因素概念及与多发操纵有关的问题；学习多发飞机系统和空气动力学，学会正确地计算和管理多发飞机重量与平衡情况，学会分析多发性能，并从多发飞机性能数据中获得正确的数据；展示对基本仪表程序的知识的掌握程度，并获得 IFR 条件下多发飞机安全飞行操纵所需的附加知识。

学习多发飞机发动机失效的空气动力学和发动机失效的操纵原理、技术和程序，多发飞机正常和发动机失效过程中仪表飞行的程序和操纵；学会把人的因素结合到与多发飞机操纵相关的决策过程中；

完成标准

本段笔试以 80 分为最低通过标准，教员要让学生回顾每一项不正确的答案，以确保学生在进入下一阶段前完全理解本阶段所学的知识，才可视为本阶段结束。

GL61: 多发等级、人为因素和正常操作（2:00）

教学资料
《飞机飞行指南》：过渡到多发飞机。

实施顺序
课程介绍和多媒体演示；
课堂讨论。

课程目的
熟悉训练安排及适用法规；
学习与多发操纵，包括高空生理学有关的基本人为因素；
介绍训练飞机，介绍与多发飞机的正常操纵，包括正常、短跑道起飞和着陆程序有关的程序。

教学内容
探究多发等级
寻求全新体验
- ❑ 为什么有多发等级？
- ❑ 训练的顺序。

人为因素
- ❑ 人为因素的概念；
- ❑ 多发运行中的人为因素；
- ❑ 多发飞机航空生理学；
- ❑ 多发安全性；
- ❑ 机长职责；
- ❑ 通信；
- ❑ 资源管理；
- ❑ 工作负荷的管理；
- ❑ 情景意识；
- ❑ 高空生理学。

机动和程序
正常操作
- ❑ 使用检查单；
- ❑ 飞行前检查（包括最低设备清单）；
- ❑ 地面操作；
- ❑ 启动发动机；
- ❑ 滑行；
- ❑ 起飞前检查；
- ❑ 起飞和上升；
- ❑ 短跑道起飞和上升；
- ❑ 巡航和下降计划；
- ❑ 进近和着陆；
- ❑ 短跑道进近和着陆；
- ❑ 复飞。

完成标准
学生已经理解训练安排和与多发操纵有关的人为因素问题，并通过教员口头测验；
教员选择一个正常操作程序，学生能解释该程序的原理以证明理解了相关的知识；
复习课后的摘要清单以及关键术语；
学生至少以 80 分完成问题的回答，教员应让学生回顾每个不正确的答案，以确保学生在进入 GL62 前完全掌握所学知识。

学习任务
《飞机飞行指南》飞机系统、重量平衡和性能。

GL62：飞机系统、重量平衡和性能（1:30）

教学资料
《飞机飞行指南》：过渡到多发飞机。

实施顺序
课程介绍；
课堂讨论；

课程目的
熟悉训练飞机的设备和系统，学习如何计算和管理重量与平衡；
学习从多发飞机性能图表和曲线中正确确定飞机性能。

教学内容
系统详细介绍
- 多发飞机动力系统
  - 燃油计量系统；
  - 点火和起动系统；
  - 滑油系统；
  - 进气系统；
  - 冷却及排气系统；
  - 发动机仪表。
- 发动机驱动的动力系统
  - 发动机驱动发电机；
  - 真空动力系统；
  - 液压动力系统。
- 螺旋桨
  - 恒速操作；
  - 动力控制；
  - 螺旋桨同步；
  - 变矩；
  - 重新起动。
- 多发飞机构造
  - 电力分配；
  - 液压系统；
  - 燃油系统；
  - 起落架；
  - 防冰和排雨；
  - 座舱环境系统。

计算重量与平衡
- 重量问题；
- 平衡问题；
- 重量变化及平衡的影响；
- 双发飞机重量和平衡数据的差异。

确定性能
- 性能的定义。
- 一台发动机不工作时性能的降低。
- 使用性能数据。
- 各种速度限制。
- 起飞性能的计算。
  - 单发上升率；
  - 加速停止距离；
  - 加速起飞距离；
  - 上升。
- 巡航飞行。
- 单发升限。
- 下降。
- 着陆性能计算。
- 一发失效复飞。

完成标准

通过解释相关系统的操纵，以表明已经理解训练所用飞机的系统知识；

教员指定机场和环境以及至少 2 种不同装载情况，学生能正确计算训练飞机的重量和平衡；

学生至少以 80 分完成问题的回答，教员应让学生回顾每个不正确的答案，以确保学生在进入 GL63 前完全掌握所学知识。

学习任务

《飞机飞行指南》：过渡到多发飞机

GL63: 多发空气动力学及机动飞行（1:30）

教学资料
　　《飞机飞行指南》：过渡到多发飞机。

实施顺序
　　课程介绍和多媒体教学；
　　课堂讨论。

课程目的
　　在本课中，学生将学会多发空气动力学基本原理和特定的多发操纵原理；
　　学生也将建立失速/螺旋意识，及与多发飞机失速和螺旋相关原理的清晰认识。

教学内容
　　❏ 附面层效应；
　　❏ 螺旋桨滑流；
　　❏ 螺旋桨反作用力；
　　❏ 高速飞行；
　　❏ 高空操作；
　　❏ 大坡度盘旋；
　　❏ 小速度飞行；
　　❏ 失速（有功率及无功率）；
　　❏ 对进入螺旋的警觉性；
　　❏ 紧急下降。

完成标准
　　学生掌握多发空气动力学的知识，并通过教员口头测试；
　　学生掌握所要求的操纵知识，并通过教员口头测试；
　　学生掌握多发飞机失速和螺旋的空气动力学知识、发生意外螺旋的可能条件、螺旋过程中仪表的指示以及用于识别和改出意外螺旋的技术和程序，并通过教员口头测试；
　　学生至少以80分完成问题的回答，教员应让学生回顾每个不正确的答案，以确保学生在进入GL64前完全掌握所学知识。

学习任务
　　《飞机飞行指南》多发仪表飞行。

GL64: 多发仪表飞行（1:30）

教学资料
《飞机飞行指南》：过渡到多发飞机。

实施顺序
课程介绍和多媒体演示；
课堂讨论。

课程目的
学习多发正常操纵仪表程序的知识。

教学内容
- ❏ 保持适当的姿态；
- ❏ 离场；
- ❏ 航路。

完成标准
学生将在教员口头测试过程中展示其掌握的 IFR 条件下多发飞机飞行知识；
学生至少以 80 分完成问题的回答，教员应让学生回顾每个不正确的答案，以确保学生在进入下一课前完全掌握所学的知识。

学习任务
复习《飞机飞行指南》：过渡到多发飞机。

GL65：综合复习（1:30）

教学资料
　　《飞机飞行指南》：过渡到多发飞机。

实施顺序
　　课程介绍；
　　复习测试；
　　评估。

课程目的
　　本课将评估学生对于《飞机飞行指南》中所学知识的掌握情况。

完成标准
　　学生至少以 80 分完成问题的回答，教员应让学生回顾每个不正确的答案，以确保学生在进入下一课前完全掌握所学知识。

学习任务
　　《飞机飞行指南》发动机失效空气动力学，发动机失效机动飞行。

GL66：发动机失效空气动力学（1:30）

教学资料
　　《飞机飞行指南》：过渡到多发飞机。

实施顺序
　　课程介绍和多媒体演示；
　　课堂讨论。

课程目的
　　学生学习发动机失效时，空气动力学的原理以及与多发飞机一发失效操作相关的程序；
　　熟悉多发飞机飞行中临界决断过程。

教学内容
　　❏ 一台发动机失效。
　　❏ 飞机的偏航及横滚。
　　❏ 关键发的影响。
　　❏ 恢复方向及横侧控制。
　　❏ V_{mc} 特性。
　　❏ 螺旋桨风转。
　　❏ 顺桨。
　　❏ 侧滑。
　　❏ 侧滑的结果。
　　❏ 操纵性与性能。
　　　■ 重量；
　　　■ 坡度；
　　　■ 重心；
　　　■ 动力和飞机构型。
　　❏ 影响。
　　　■ 俯仰；
　　　■ 动力；
　　　■ 阻力；
　　　■ 识别；
　　　■ 证实；
　　　■ 判断故障。
　　❏ 顺桨（真单发和模拟一发失效程序）。
　　❏ 发动机关车（真单发和模拟一发失效程序）。
　　❏ 重新启动发动机。
　　❏ 保护失效发动机。
　　❏ 监控工作发。

发动机失效机动飞行
　　❏ 起飞和上升（起飞前和起飞后一发失效）；
　　❏ 航线飞行；
　　❏ V_{mc} 示范；
　　❏ 阻力示范；
　　❏ 落地；
　　❏ 一发失效复飞。

完成标准
　　学生在教员口头测试过程中展示其对于一发失效下多发空气动力学，及多发飞机决策的概念和因素的知识。
　　学习使用应急程序检查单，能对发动机失效继续飞行做出合适的决策，掌握实践考试标准所要求的程序；
　　学生至少以80分完成问题的回答，教员应让学生回顾每个不正确的答案，以确保学生在进入GL67前完全掌握所学知识。

学习任务
　　《飞机飞行指南》：过渡到多发飞机。

GL67：一发失效仪表飞行 / 应急操作（1:30）

教学资料
《飞机飞行指南》：过渡到多发飞机。

实施顺序
课程介绍和多媒体演示；
课堂讨论。

课程目的
在本课中，学生将获得多发飞机一发失效操纵仪表程序的知识。

教学内容：
- ❏ 保持适当的姿态。
- ❏ 离场。
- ❏ 航路。
- ❏ 一发失效仪表进近。
- ❏ 决策过程。
  - ■机长的责任；
  - ■通信；
  - ■资源利用；
  - ■压力管理；
  - ■情景意识；
  - ■（CFIT）可控飞行撞地；
  - ■错误链。
- ❏ 应急操作程序。
- ❏ 襟翼故障。
- ❏ 起落架故障。
- ❏ 紧急下降。
- ❏ 系统和设备故障。
- ❏ 应急和救生设备。

完成标准
学生在教员口头测试过程中展示其对 IFR 条件下多发飞机一台发动机失效飞行的知识；
掌握应急操纵程序及多发飞行决策相关知识；
学生至少以 80 分完成问题的回答，教员应让学生回顾每个不正确的答案，以确保学生在进入 GL68 阶段考试前完全掌握所学的知识。

学习任务
复习《飞机飞行指南》，准备阶段考试。

GL68：阶段考试（1:30）

实施顺序
  课程介绍；
  考试；
  评估。

课程目的
评估学生对本阶段中包含的航空知识的理解。

教学内容：
  多发阶段考试。

完成标准
  学生至少以 80 分完成阶段考试，教员应让学生回顾每个不正确的答案，以确保学生在进行课程结束前完全掌握所学的知识。

GL69: 结束课程考试（2:00）

实施顺序
  课程介绍；
  考试；
  评估。

课程目的
  评估学生对于多发等级课程中所涉及知识的理解程度。

教学内容
  课程结束考试。

完成标准
  学生至少以 80 分通过课程结束考试，教员应让学生回顾每个不正确的答案，以确保学生完全掌握所学的知识。

4.10 飞行训练提纲

多发复杂飞机飞行阶段

阶段目的

复杂飞机是指具有可收放起落架、襟翼和变距螺旋桨的飞机。飞机性能和复杂程度的提高，要求飞行员具有更高的计划、判断能力以及领航技术。本阶段将借助系统化的方法、结构化的训练课程来完成，以达到获取复杂飞机飞行的相关知识与技能的目的。

多发飞机有一些和单发飞机不同的科目，了解和熟练掌握这些科目是安全驾驶多发飞机的必要条件。多发飞行训练不仅需要掌握一台发动机失效时的飞行，更要进行全面的飞行训练以提高飞行技术。本阶段训练重点是通过多发飞机与单发飞机的不同驾驶特点进行对比，以获取多发飞行的相关知识与技能。

完成标准

学生完成本部分训练后，应具备与多发商用驾驶员相应的知识与技能，满足多发商照实践考试标准的要求，并通过多发商照实践考试。

FTD18：介绍多发复杂飞机（1:00）

项目	飞行前讲评	飞行后讲评	飞机带飞	FTD	单飞/机长
推荐时间	1:30	0:30		1:00	
总 时 间			106:00	28:00	61:00

本课目的
  本课是让学生在目视天气条件设置下，熟悉座舱环境、开关车程序、地面运行程序以及起落航线程序。

进入条件
  完成相应的地面课。

预习讲评内容

科目	飞机飞行指南	仪表飞行指南
驾驶舱管理	2.2	
起飞前检查	2.7	
着陆后	2.8	
脱离跑道后	2.9	
停机	2.10	
关车	2.11	
飞行后操作	2.12	
襟翼	11.2	
变距螺旋桨	11.3	
可收放起落架	11.5	
过渡复杂飞机的训练	11.6	
正常和侧风起飞与爬升	12.7	
正常进近与着陆	12.9	
危险态度及其解决方法		1.18

训练内容

科目		标准	评分
地面			
	●开车和试车	3	
	●滑行	3	
本场			
	●起飞	3	
	●离场和爬升	3	
	●直线平飞	3	
	●复杂飞机巡航程序	4	
	●变速飞行	3	
	●可收放起落架和襟翼的使用	4	
	●恒定速度上升和下降	3	
	●恒定升降率上升和下降	3	
	●转弯至指定航向	3	
	●参考磁罗盘转弯	3	
	●不同构型下的阻力变化	3	
	●起落航线	2	

FTD19：本场空域（1:00）

项目	飞行前讲评	飞行后讲评	飞机带飞	FTD	单飞/机长
推荐时间	1:30	0:30		1:00	
总时间			106:00	29:00	61:00

本课目的

本课是让学生在目视天气条件设置下，复习多发的开关车程序、起落航线，并进行多发机动科目的训练。

进入条件

完成 FTD18。

预习讲评内容

科目	飞机飞行指南	仪表飞行指南
驾驶舱管理	2.2	
发动机起动	2.4	
起飞前检查	2.7	
着陆后	2.8	
脱离跑道后	2.9	
停机	2.10	
关车	2.11	
飞行后	2.12	
襟翼	11.2	
变距螺旋桨	11.3	
可收放起落架	11.5	
过渡复杂飞机的训练	11.6	
正常和侧风起飞与爬升	12.7	
短跑道进近和着陆	12.11	
低速飞行	12.19	
危险态度及其解决方法		1.18

训练内容

科目	标准	评分
地面		
●开车和试车	3	
●滑行	3	
●正确交接飞行操纵	3	
本场		
●起飞	3	
●松软跑道起飞和上升	3	
●小速度飞行	3	
●大坡度盘旋	3	
●带功率失速	3	
●无功率失速	3	
●加速失速	3	
●螺旋的警觉意识	3	
●演示最小可操纵速度	3	
●下降和进场	3	
●起落航线	3	
●短跑道进近和着陆	2	

FL80：本场空域（2:00）

项目	飞行前讲评	飞行后讲评	飞机带飞	FTD	单飞/机长
推荐时间	1:30	0:30	2:00		
总时间			108:00	29:00	61:00

本课目的

本课是让学生复习开关车程序和起落航线，熟悉空域机动科目，并在飞行中熟悉多发复杂飞机。

注：本课是为了满足每门经批准的训练课程中至少应当包括下列飞行训练。

多发飞机课程。

由授权教员提供的至少 55 小时飞行训练，该训练至少包括：

10 小时仪表训练时间，其中至少 5 小时应当是在多发飞机上的飞行时间；

10 小时在具有可收放式起落架、襟翼和可操纵变距螺旋桨（或者涡轮动力）的多发飞机上的训练。

进入条件

完成 FTD19。

预习讲评内容

科目	飞机飞行指南	仪表飞行指南
发动机启动	2.4	
着陆后	2.8	
脱离跑道后	2.9	
停机	2.10	
关车	2.11	
飞行后操作	2.12	
正常和侧风起飞与爬升	12.7	
短跑道进近和着陆	12.12	
低速飞行	12.19	
危险态度及其解决方法		1.18

训练内容

科目		标准	评分
地面			
	○飞行准备	4	
	○绕机目视检查	4	
	○驾驶舱预先准备	4	
	○驾驶舱准备	4	
	○无线电通信和 ATC 灯光信号	4	
	●开车和试车	4	
	●滑行	3	
	○防止跑道入侵	4	
	●避让和防撞	4	
	○起飞前检查	4	
本场			
	●小速度飞行	4	
	●大坡度盘旋	4	
	●带功率失速	4	
	●无功率失速	4	
	●加速失速	4	
	●螺旋的警觉意识	4	
	●演示最小可操纵速度	4	
	●参考磁罗盘转弯	4	
	●下降和进场	4	
	●目视进近	4	
	●短跑道进近和着陆	4	
	●停机关车	4	
	●飞行后程序	4	

FTD20：仪表进近（1:00）

项目	飞行前讲评	飞行后讲评	飞机带飞	FTD	单飞/机长
推荐时间	1:30	0:30		1:00	
总 时 间			108:00	30:00	61:00

本课目的

本课是让学生在仪表天气条件设置下，复习开关车程序，熟悉多发复杂飞机的仪表进近程序。

进入条件

完成 FL80。

预习讲评内容

科目	飞机飞行指南	仪表飞行指南
襟翼	11.2	
变距螺旋桨	11.3	
可收放起落架	11.5	
侧风进近与着陆	12.10	
短跑道进近和着陆	12.11	
复飞	12.13	
一台发动机失效的进近与着陆	12.17	
机组资源管理（CRM）		1.12
危险态度及其解决方法		1.18

训练内容

科目	标准	评分
地面		
●开车和试车	4	
●滑行	4	
●正确交接飞行操纵	4	
本场		
●起飞	3	
●离场和爬升	3	
●目视盘旋进近	3	
●VOR/LOC 进近	3	
●ILS 进近	3	
●复飞/中断着陆	3	

FL81：仪表进近（2:00）

项目	飞行前讲评	飞行后讲评	飞机带飞	FTD	单飞/机长
推荐时间	1:30	0:30	2:00		
总时间			110:00	30:00	61:00

本课目的

本课是让学生复习开关车程序，熟悉多发复杂飞机的仪表进近程序。

注：本课是为了满足每门经批准的训练课程中至少应当包括下列飞行训练。

多发飞机课程。

由授权教员提供的至少 55 小时飞行训练，该训练至少包括：

10 小时仪表训练时间，其中至少 5 小时应当是在多发飞机上的飞行时间；

10 小时在具有可收放式起落架、襟翼和可操纵变距螺旋桨（或者涡轮动力）的多发飞机上的训练。

进入条件

完成 FTD20。

预习讲评内容

科目	飞机飞行指南	仪表飞行指南
侧风进近与着陆	12.10	
短跑道起飞与爬升	12.11	
短跑道进近和着陆	12.12	
复飞	12.13	
飞行中一台发动机失效	12.16	
一台发动机失效的进近与着陆	12.17	

训练内容

科目	标准	评分
地面		
○飞行准备	4	
○绕机目视检查	4	
○驾驶舱预先准备	4	
○驾驶舱准备	4	
○无线电通信和 ATC 灯光信号	4	
●开车和试车	4	
●滑行	4	
○防止跑道入侵	4	
●避让和防撞	4	
○起飞前检查	4	
本场		
●起飞	4	
●离场和爬升	4	
●直接进近或盘旋进近着陆	4	
● VOR/LOC 进近	4	
● ILS 进近	4	
●正常和侧风条件下的进近和着陆	4	
●停机关车	4	
●飞行后程序	4	

FTD21：多发应急操作（2:30）

项目	飞行前讲评	飞行后讲评	飞机带飞	FTD	单飞/机长
推荐时间	1:30	0:30		2:30	
总时间			110:00	32:30	61:00

本课目的

本课是让学生在目视天气条件设置下，在空域、进近中熟悉多发飞机的飞行特性，以及多发飞机的正常和非正常程序。

进入条件

完成FL81。

预习讲评内容

科目	飞机飞行指南	仪表飞行指南
复飞	12.13	
中断起飞	12.14	
起飞后一台发动机失效	12.15	
飞行中一台发动机失效	12.16	
一台发动机失效的进近与着陆	12.17	
发动机失效的飞行原理	12.18	
情景意识		12.9
紧急下降	15.6	
飞行操纵机构故障/失效	15.8	
起落架故障	15.9	
系统故障	15.10	
发动机仪表指示异常	15.11	
处境意识		1.13
飞机系统失效		12.3
复飞	12.13	
中断起飞	12.14	
起飞后一台发动机失效	12.15	
飞行中一台发动机失效	12.16	
一台发动机失效的进近与着陆	12.17	
发动机失效的飞行原理	12.18	
情景意识		12.9
紧急下降	15.6	
飞行操纵机构故障/失效	15.8	
起落架故障	15.9	
系统故障	15.10	
发动机仪表指示异常	15.11	
处境意识		1.13
飞机系统失效		12.3

训练内容

科目	标准	评分
地面		
●一台发动机失效时的处置	2	
起飞和离场		
●模拟起飞滑跑一台发动机失效	3	
●模拟起飞后一台发动机失效	3	
应急操作		
●紧急下降	3	
●一台发动机失效机动飞行	3	
●一台发动机失效的进近和着陆	4	
●系统和设备故障	3	
●应急和救生设备	4	

FL82：多发应急操作（2:00）

项目	飞行前讲评	飞行后讲评	飞机带飞	FTD	单飞/机长
推荐时间	1:30	0:30	2:00		
总 时 间			112:00	32:30	61:00

本课目的

本课是让学生在空域、进近中熟悉多发飞机的飞行特性，以及多发飞机的正常和非正常程序。

注：本课是为了满足每门经批准的训练课程中至少应当包括下列飞行训练。

多发飞机课程。

由授权教员提供的至少 55 小时飞行训练，该训练至少包括：

10 小时仪表训练时间，其中至少 5 小时应当是在多发飞机上的飞行时间；

10 小时在具有可收放式起落架、襟翼和可操纵变距螺旋桨（或者涡轮动力）的多发飞机上的训练。

进入条件

完成 FTD21。

预习讲评内容

科目	飞机飞行指南	仪表飞行指南
中断起飞	12.14	
起飞后一台发动机失效	12.15	
飞行中一台发动机失效	12.16	
一台发动机失效的进近与着陆	12.17	
情景意识		12.9
飞行操纵机构故障/失效	15.8	
起落架故障	15.9	
系统故障	15.10	
发动机仪表指示异常	15.11	
机组资源管理		1.12
处境意识		1.13
飞机系统失效		12.3

训练内容

科目	标准	评分
地面		
○飞行准备	4	
○绕机目视检查	4	
○驾驶舱预先准备	4	
○驾驶舱准备	4	
○无线电通信和 ATC 灯光信号	4	
●开车和试车	4	
●滑行	4	
●避让和防撞	4	
○起飞前检查	4	
本场		
●短跑道起飞和最佳爬升性能	4	
●模拟起飞中速度小于 V_{mc} 时发动机失效	4	
●一台发动机失效进近和着陆	4	
●紧急下降	3	
●最小可操纵速度演示	4	
●模拟起飞后一台发动机失效	4	
●模拟仪表飞行中发动机失效	4	
●系统和设备故障	3	
●应急和救生设备	4	
●停机关车	4	
●飞行后程序	4	

FL83: 昼间目视转场（2:00）

项目	飞行前讲评	飞行后讲评	飞机带飞	FTD	单飞/机长
推荐时间	1:30	0:30	2:00		
总 时 间			114:00	32:30	61:00

本课目的

本课是让学生在转场飞行中增强 CRM 能力和情景意识。

注：本课是为了满足每门经批准的训练课程中至少应当包括下列飞行训练。

多发飞机课程。

由授权教员提供的至少 55 小时飞行训练，该训练至少包括：

10 小时仪表训练时间，其中至少 5 小时应当是在多发飞机上的飞行时间；

10 小时在具有可收放式起落架、襟翼和可操纵变距螺旋桨（或者涡轮动力）的多发飞机上的训练；

一次在多发飞机上至少 2 小时的昼间目视飞行规则转场飞行，距初始起飞点总直线距离至少 180 千米（100 海里）。

进入条件

完成 FL82。

预习讲评内容

科目	飞机飞行指南	仪表飞行指南
飞行训练的目的	1.1	
发动机失效的飞行原理	12.17	

训练内容

科目	标准	评分
地面		
○飞行准备	4	
○绕机目视检查	4	
○驾驶舱预先准备	4	
○驾驶舱准备	4	
○无线电通信和 ATC 灯光信号	4	
●开车和试车	4	
●滑行	4	
●避让和防撞	4	
○起飞前检查	4	
转场		
●起飞	4	
●离场和爬升	4	
●预防和避免相撞	4	
●地标罗盘领航和推测领航	4	
○位置意识	4	
●改航	3	
●迷航处置	3	
●下降和进场	4	
●起落航线	4	
●短跑道进近和着陆	4	
●停机关车	4	
●飞行后程序	4	

FL84：转场飞行（3:00）

项目	飞行前讲评	飞行后讲评	飞机带飞	FTD	单飞/机长
推荐时间	1:30	0:30			3:00
总时间			114:00	32:30	64:00

本课目的

本课是在多发复杂飞机上进行转场飞行，熟悉和掌握多发复杂飞机的转场程序和技能。

注：本课是为了满足10小时在多发飞机上进行的单飞训练（或者担任机长的飞行训练）和50小时在飞机上进行的单飞训练（或者担任机长的飞行训练）。

在多发飞机上进行的单飞训练（或者担任机长的飞行训练）应当至少包括：

一次有至少3个着陆点的转场飞行，其中一个着陆点距初始起飞点的直线距离至少为470千米（250海里）；或者至少20小时转场飞行（其中至少10小时在多发飞机上进行），包括一次在多发飞机上总距离至少540千米（300海里）有两个着陆点的转场飞行，其中一个着陆点距初始起飞点的直线距离至少为150千米（80海里）。

进入条件

完成FTD21。

预习讲评内容

科目	飞机飞行指南	仪表飞行指南
冲突避免程序	1.3.1	
避免跑道入侵	1.3.2	

训练内容

科目		标准	评分
地面			
	○飞行准备	4	
	○绕机目视检查	4	
	○驾驶舱预先准备	4	
	○驾驶舱准备	4	
	○无线电通信和ATC灯光信号	4	
	●开车和试车	4	
	●滑行	4	
	●避让和防撞	4	
	○起飞简述	4	
	○避免侵入跑道	4	
	○起飞前检查	4	
转场			
	●起飞	4	
	●离场和爬升	4	
	○位置意识	4	
	●预防和避免相撞	4	
	●导航系统和雷达服务	4	
	●仪表等待	4	
	●下降和进场	4	
	●起落航线	4	
	●正常和侧风条件下的进近和着陆	4	
	●停机关车	4	
	●飞行后程序	4	

FL85：长转场飞行（4:00）

项目	飞行前讲评	飞行后讲评	飞机带飞	FTD	单飞/机长
推荐时间	1:30	0:30			4:00
总 时 间			114:00	32:30	68:00

本课目的

本课是在多发复杂飞机的进行转场飞行，熟悉多发复杂飞机的转场程序和技能。

注：本课是为了满足 10 小时在多发飞机上进行的单飞训练（或者担任机长的飞行训练）和 50 小时在飞机上进行的单飞训练（或者担任机长的飞行训练）。

在多发飞机上进行的单飞训练（或者担任机长的飞行训练）应当至少包括：

一次有至少 3 个着陆点的转场飞行，其中一个着陆点距初始起飞点的直线距离至少为 470 千米（250 海里）；或者至少20小时转场飞行（其中至少10小时在多发飞机上进行），包括一次在多发飞机上总距离至少540千米（300 海里）有两个着陆点的转场飞行，其中一个着陆点距初始起飞点的直线距离至少为 150 千米（80 海里）。

本课以完成长转场科目为目标，若完成科目时间不足本课所设置时间，剩余时间将变为综合课（SPIC）。

进入条件

完成 FTD21。

预习讲评内容

科目	飞机飞行指南	仪表飞行指南
冲突避免程序	1.3.1	
避免跑道入侵	1.3.2	

训练内容

科目	标准	评分
地面		
○飞行准备	4	
○绕机目视检查	4	
○驾驶舱预先准备	4	
○驾驶舱准备	4	
○无线电通信和 ATC 灯光信号	4	
●开车和试车	4	
●滑行	4	
●避让和防撞	4	
○避免侵入跑道	4	
○起飞前检查	4	
转场		
●起飞	4	
●离场和爬升	4	
○位置意识	4	
●预防和避免相撞	4	
●导航系统和雷达服务	4	
●下降和进场	4	
●起落航线	4	
●正常和侧风条件下的进近和着陆	4	
●停机关车	4	
●飞行后程序	4	

FTD22：夜间本场（1:00）

项目	飞行前讲评	飞行后讲评	飞机带飞	FTD	单飞/机长
推荐时间	1:30	0:30		1:00	
总时间			114:00	33:30	68:00

本课目的

本课是让学生在夜间目视天气条件设置下，复习PA-44的开关车程序、起落航线和机动科目，并为夜航训练做准备。

进入条件

完成FL83。

预习讲评内容

科目	飞机飞行指南	仪表飞行指南
避免跑道入侵	1.3.2	
驾驶舱管理	2.2	
起飞前检查	2.7	
着陆后	2.8	
脱离跑道后	2.9	
停机	2.10	
关车	2.11	
飞行后	2.12	
夜间视觉	10.1	
夜间错觉	10.2	
飞行员装备	10.3	
飞机设备与照明	10.4	
机场和导航灯光助航系统	10.5	
起动、滑行和暖机试车	10.7	
起飞和爬升	10.8	
进近和着陆	10.10	
襟翼	11.2	
变距螺旋桨	11.3	
可收放起落架	11.5	
过渡复杂飞机的训练	11.6	
正常和侧风起飞与爬升	12.7	
正常进近与着陆	12.9	
处境意识		1.13
危险态度及其解决方法		1.18
避让飞机		12.9.1

训练内容

科目	标准	评分
本场		
●起飞	4	
●离场和爬升	4	
●直线平飞	4	
●变速飞行	4	
●恒定速度上升和下降	4	
●恒定升降率上升和下降	4	
●小速度飞行	4	
●大坡度盘旋	4	
●带功率失速	4	
●无功率失速	4	
●下降和进场	4	
●起落航线	3	
●短跑道进近和着陆	3	

FL86: 夜间目视起落（2:00）

项目	飞行前讲评	飞行后讲评	飞机带飞	FTD	单飞/机长
推荐时间	1:30	0:30			2:00
总时间			114:00	33:30	70:00

本课目的

本课是让学生复习开关车程序和起落航线。

注：本课是为了满足 10 小时在多发飞机上进行的单飞训练（或者担任机长的飞行训练）和 50 小时在飞机上进行的单飞训练（或者担任机长的飞行训练）。

在多发飞机上进行的单飞训练（或者担任机长的飞行训练）应当至少包括：

5 小时在有飞行管制塔台的机场实施的夜间目视飞行规则飞行，包括 10 次起飞和 10 次着陆，且每次着陆包含一次起落航线飞行。

进入条件

完成 FTD22。

预习讲评内容

科目	飞机飞行指南	仪表飞行指南
侧风进近与着陆	12.10	
短跑道起飞与爬升	12.11	
短跑道进近和着陆	12.12	
复飞	12.13	
发动机失效的进近与着陆	12.18	

训练内容

科目	标准	评分
地面		
○飞行准备	4	
○绕机目视检查	4	
○驾驶舱预先准备	4	
○驾驶舱准备	4	
○航空医学因素	4	
○飞机灯光系统	4	
○机场跑道、滑行道的标志和灯光	4	
○无线电通信和 ATC 灯光信号	4	
●开车和试车	4	
●滑行	4	
●避让和防撞	4	
○起飞前检查	4	
本场		
●起落航线	4	
●正常和侧风条件下的起飞和爬升	4	
●进近速度飞行	4	
●目视观察和防撞	3	
●正常和侧风条件下的进近和着陆	4	
●侧滑法着陆	3	
●停机关车	4	
●飞行后程序	4	

FTD23：夜间应急操作（1:30）

项目	飞行前讲评	飞行后讲评	飞机带飞	FTD	单飞/机长
推荐时间	1:30	0:30		1:30	
总 时 间			114:00	35:00	70:00

本课目的

本课是让学生在夜间仪表天气条件设置下，复习多发复杂飞机的应急操作程序，对其 CRM 能力、情景意识、决策意识进行训练。

进入条件

完成 FL86。

预习讲评内容

科目	飞机飞行指南	仪表飞行指南
螺旋桨	12.3.1	
复飞	12.13	
中断起飞	12.14	
起飞后一台发动机失效	12.15	
飞行中一台发动机失效	12.16	
一台发动机失效的进近与着陆	12.17	
螺旋的处境意识	12.20.3	
紧急下降	15.6	
飞行操纵机构故障/失效	15.8	
起落架故障	15.9	
系统故障	15.10	
发动机仪表指示异常	15.11	
气象条件		11.9.2
飞机系统失效		12.3

训练内容

科目	标准	评分
应急操作		
●模拟起飞滑跑一台发动机失效	4	
●模拟起飞后一台发动机失效	4	
●一台发动机失效非精密进近	4	
●一台发动机失效精密进近	4	
●一台发动机失效的机动飞行	4	
●紧急下降	4	
●系统和设备故障	4	
●应急和救生设备	4	
●通信故障	4	

FL87：夜间目视转场（3:00）

项目	飞行前讲评	飞行后讲评	飞机带飞	FTD	单飞/机长
推荐时间	1:30	0:30			3:00
总 时 间			114:00	35:00	73:00

本课目的

本课是在多发复杂飞机上进行转场飞行，熟悉和掌握多发复杂飞机的转场程序和技能。

注：本课是为了满足 10 小时在多发飞机上进行的单飞训练（或者担任机长的飞行训练）和 50 小时在飞机上进行的单飞训练（或者担任机长的飞行训练）。

在多发飞机上进行的单飞训练（或者担任机长的飞行训练）应当至少包括：

一次有至少 3 个着陆点的转场飞行，其中一个着陆点距初始起飞点的直线距离至少为 470 千米（250 海里）；或者至少 20 小时转场飞行（其中至少 10 小时在多发飞机上进行），包括一次在多发飞机上总距离至少 540 千米（300 海里）有两个着陆点的转场飞行，其中一个着陆点距初始起飞点的直线距离至少为 150 千米（80 海里）。

5 小时在有飞行管制塔台的机场实施的夜间目视飞行规则飞行，包括 10 次起飞和 10 次着陆，且每次着陆包含一次起落航线飞行。

进入条件

完成 FTD23。

预习讲评内容

科目	飞机飞行指南	仪表飞行指南
机组资源管理（CRM）		1.12
处境意识		1.13
气象条件		11.9.2
夜间视觉	10.1	
夜间错觉	10.2	
飞行员装备	10.3	
飞机设备与照明	10.4	
机场和导航灯光助航系统	10.5	
准备与飞行前程序	10.6	
起动、滑行和暖机试车	10.7	
起飞和爬升	10.8	
定向和导航	10.9	
进近和着陆	10.10	
夜间应急情况	10.11	

训练内容

科目	标准	评分
地面		
○飞行准备	4	
○绕机目视检查	4	
○驾驶舱预先准备	4	
○驾驶舱准备	4	
○飞机灯光系统	4	
○机场跑道、滑行道的标志和灯光	4	
○无线电通信和 ATC 灯光信号	4	
●开车和试车	4	
●滑行	4	
●避让和防撞	4	
○起飞前检查	4	
转场		
●起飞	4	
●离场和爬升	4	
○位置意识	4	
●预防和避免相撞	4	
●地标罗盘领航和推测领航	4	
●下降和进场	4	
●起落航线	4	
●正常和侧风条件下的进近和着陆	4	
●停机关车	4	
●飞行后程序	4	

FL88：夜间转场（2:00）

项目	飞行前讲评	飞行后讲评	飞机带飞	FTD	单飞/机长
推荐时间	1:30	0:30	2:00		
总时间			116:00	35:00	73:00

本课目的

本课是让学生在转场飞行中增强 CRM 能力和情景意识。

注：本课是为了满足每门经批准的训练课程中至少应当包括下列飞行训练。

多发飞机课程。

由授权教员提供的至少 55 小时飞行训练，该训练至少包括：

10 小时仪表训练时间，其中至少 5 小时应当是在多发飞机上的飞行时间；

10 小时在具有可收放式起落架、襟翼和可操纵变距螺旋桨（或者涡轮动力）的多发飞机上的训练；

一次在多发飞机上至少 2 小时的夜间转场飞行，距初始起飞点总直线距离至少 180 千米（100 海里）。

进入条件

完成 FTD23。

预习讲评内容

科目	飞机飞行指南	仪表飞行指南
机组资源管理（CRM）		1.12
处境意识		1.13
气象条件		11.9.2
夜间视觉	10.1	
夜间错觉	10.2	
飞行员装备	10.3	
飞机设备与照明	10.4	
机场和导航灯光助航系统	10.5	
准备与飞行前程序	10.6	
起动、滑行和暖机试车	10.7	
起飞和爬升	10.8	
定向和导航	10.9	
进近和着陆	10.10	
夜间应急情况	10.11	

训练内容

科目	标准	评分
地面		
○飞行准备	4	
○绕机目视检查	4	
○驾驶舱预先准备	4	
○驾驶舱准备	4	
○飞机灯光系统	3	
○机场跑道、滑行道的标志和灯光	3	
○无线电通信和 ATC 灯光信号	4	
●开车和试车	4	
●滑行	4	
●避让和防撞	4	
○起飞前检查	4	
转场		
●起飞	4	
●离场和爬升	4	
●导航系统和雷达服务	4	
○位置意识	4	
●改航	4	
●迷航处置程序	4	
●下降和进场	4	
●正常和侧风条件下的进近和着陆	4	
●停机关车	4	
●飞行后程序	4	

FL89：综合课（2:00）

项目	飞行前讲评	飞行后讲评	飞机带飞	FTD	单飞/机长
推荐时间	1:30	0:30	2:00		
总时间			118:00	35:00	73:00

本课目的
　　本课程主要是在多发商照阶段检查之前，对学生仍然存在的问题做出有针对性的训练。

进入条件
　　本阶段内阶段检查之前任何时间段内都可进行。

FL90: 阶段检查（2:00）

项目	飞行前讲评	飞行后讲评	飞机带飞	FTD	单飞/机长
推荐时间	1:30	0:30			2:00
总 时 间			118:00	35:00	75:00

本课目的
本课主要是检查学生是否能够熟练掌握多发复杂飞机的操作和性能，达到多发商照实践考试标准。

进入条件
完成本阶段所有课程。

训练内容
参见阶段检查工作单。

FL91：实践考试（2:00）

项目	飞行前讲评	飞行后讲评	飞机带飞	FTD	单飞/机长
推荐时间	1:30	0:30			2:00
总 时 间			118:00	35:00	77:00

本课目的

本课是商照部分的最后一课，应按照多发商照实践考试工作程序进行，是进入高性能多发飞机飞行训练的必需条件。

进入条件

通过商照阶段检查，完成所有综合课。

训练内容

参见实践考试工作单。